AF603191

SITUATION AGRICOLE

DU

GRAND-DUCHÉ DE LUXEMBOURG

COMPARÉE A L'AGRICULTURE DE NOTRE PAYS

PAR

LE Dr FÉLIX SCHNEIDER.

METZ

IMPRIMERIE J. MAYER, RUE DE LA HAYE, 4

—

1869.

AVANT-PROPOS.

Quel est le but de cet opuscule ?

Telle est la question que l'opinion publique pourra m'adresser et à laquelle je réponds par anticipation.

L'agriculture est en voie de progrès dans notre pays, grâce aux efforts de nos sociétés agricoles. Faire l'historique des travaux du Comice de Thionville, sera en même temps une œuvre de reconnaissance et d'intérêt local.

Cependant, si bien placé que soit notre Comice dans l'esprit des agronomes du département de la Moselle, il n'a pu faire encore, jusqu'à ce jour, que l'agriculture soit dans notre contrée aussi florissante que dans le Grand-Duché de Luxembourg. Cet écrit a pour but de rechercher les causes de notre infériorité : les signaler, ce sera indiquer le remède.

Je ne me dissimule pas qu'une pareille entreprise demande quelque courage, en ce sens qu'elle s'expose à froisser les susceptibilités de la fibre nationale. Cette considération est incapable de me détourner du but que je poursuis activement, je pourrais dire avec passion, depuis vingt ans : contribuer, dans la mesure de mes forces, au développement de l'industrie agricole dans mon pays.

En parcourant cette publication, les lecteurs impartiaux reconnaîtront que nos cultivateurs n'ont pas besoin de courir au loin pour trouver de bonnes méthodes ; ceux-ci, je l'espère, me sauront gré d'avoir mis en relief, dans leur intérêt, l'agriculture avancée d'un pays limitrophe.

Enfin, je remplis un devoir en communiquant à mes compatriotes des idées que je crois bonnes et d'une application utile, car c'est de l'association intellectuelle que naît le progrès ; l'isolement n'aboutit qu'à l'impuissance.

I

SOCIÉTÉS AGRICOLES.

Il faut rendre justice à notre époque : si elle a le malheur de voir le génie inventif des hommes appliqué à perfectionner l'art de tuer leurs semblables, en revanche, elle honore les savants, les agronomes et les modestes praticiens dont les efforts ont pour but d'augmenter les ressources alimentaires du genre humain.

Dans un moment où les engins de destruction se multiplient d'une manière effroyable, félicitons-nous de voir, par une heureuse compensation, un entraînement général et irrésistible vers les choses de l'agriculture. Je n'hésite pas, pour ma modeste part, à suivre ce mouvement salutaire, en publiant le résultat de mes observations.

Notre pays, doué d'un sol fertile et de faciles débouchés dont le chemin de fer de Niederbronn à Thionville augmentera encore l'importance, me paraît appelé à un brillant avenir, au point de vue de la production agricole. Les améliorations considérables opérées depuis une trentaine d'années nous promettent une série de progrès capable de nous rapprocher, autant que le climat peut le permettre, de la culture anglaise.

Pour atteindre ce but, les amis de l'agriculture, dans notre arrondissement de Thionville, ont rivalisé de zèle et d'efforts. Le Gouvernement, le Conseil général et le Comice sont parvenus, par une action simultanée, à développer une heureuse émulation parmi les producteurs.

En outre, depuis quelques années, de cordiales relations se sont établies entre le Comice de Thionville et les sociétés agricoles du Grand-Duché de Luxembourg. Chaque année, une députation luxembourgeoise, en assistant à nos concours, nous donne à la fois une marque d'intérêt et un puissant encouragement. D'un autre côté, les délégués du Comice de Thionville qui se rendent aux fêtes des sociétés agricoles luxembourgeoises y trouvent de précieux enseignements qui peuvent et doivent, à mon avis, tourner à l'avantage de l'agriculture dans notre pays.

Dans cette pensée, il me semble utile, non d'établir un parallèle entre notre agriculture et celle de nos voisins, qui est incontestablement plus avancée, mais de faire une étude comparative qui servira à constater les conquêtes dont nous pouvons nous enorgueillir, en même temps qu'à reconnaître les causes de notre infériorité.

Il faut dire tout d'abord que l'agriculture du Grand-Duché n'a été que médiocrement atteinte par le fléau de l'émigration. Celle-ci, du reste, a été moins active chez nous que dans la plupart des départements français. J'ignore s'il faut attribuer cette heureuse circonstance aux ressources agricoles de notre arrondissement ; je soupçonne même qu'elle est principalement due à l'augmentation de la population industrielle, au préjudice de l'élément agricole. Quoi qu'il en soit, l'émigration, dans les limites où elle s'est effectuée, a eu du moins cet avantage de démontrer à nos cultivateurs la nécessité de perfectionner les procédés de culture et de recourir de plus en plus aux machines pour diminuer la main-d'œuvre.

C'est là que s'est révélée victorieusement l'influence salutaire du Comice. C'est grâce à son intelligente initiative, que les instruments perfectionnés ont pénétré dans notre arrondissement. Il ne s'est pas borné à les propager, à en récompenser l'importation : il en a lui-même distribué en primes environ 150.

C'est une réponse très-convenable faite aux esprits chagrins qui se sont plu à prédire la chute du Comice de Thionville et, en général, de tous les comices du département. En 1863, une lettre signée par des *cultivateurs* a paru dans un journal de Metz, dans le but de dénoncer au public quelques symptômes de maladie présentés par le Comice du chef-lieu de département, symptômes sérieux et précurseurs d'une fin prochaine, parmi lesquels figuraient en première ligne l'absence de *blouses* aux séances du Comice et la domination des *habits noirs*. En voyant de prétendus cultivateurs ceindre le tablier de Sganarelle pour essayer de guérir le malade, le Comice de Thionville s'est ému un moment, comme à l'approche d'une épidémie dangereuse ; mais il n'a pas tardé à se réunir et à compter, comme de coutume, un grand nombre d'agriculteurs-praticiens accourus pour répondre à sa lettre de convocation. Ce signe qui a, en effet, une importance capitale, dénote le tempérament rustique et la vitalité de notre Comice.

Le même signe, appliqué aux sociétés agricoles luxembourgeoises, démontre brillamment leur supériorité. Le Cercle agricole, à lui seul, compte environ 700 membres dont chacun paie une cotisation annuelle de 7 fr. 50. Ses ressources propres, jointes aux subsides qu'il reçoit de S. A. R. le Prince Henri et du Gouvernement, atteignent un chiffre d'environ 8,000 francs par an. La Société royale agricole, moins nombreuse, paraît disposer de ressources financières au moins aussi considérables. Les sommes perçues par les deux sociétés agricoles du Luxembourg sont destinées à payer les primes, à couvrir les frais des concours et de la publication des journaux Les *Annales* du Cercle agricole sont hebdomadaires; le *Bulletin* de la Société royale agricole est bi-mensuel. De plus, le Cercle agricole édite un calendrier, le *Bauerfreund*, dont le tirage, après avoir été de 1,500 exemplaires, en 1853, dépasse aujourd'hui le chiffre de 5,000.

Plusieurs membres du Comice de Metz se sont rencontrés avec nous aux fêtes agricoles de Luxembourg. Ces réunions permettent un échange utile d'idées et d'observations relatives aux progrès que nous constatons là-bas et dont nous sommes jaloux de faire profiter notre département. A l'exemple des Comices luxembourgeois, nos Sociétés agricoles se proposent de changer l'époque de leurs concours. Désormais, la canicule sera dépossédée d'une préférence qu'elle a particulièrement déméritée, en 1868, à Woippy et à Cattenom, et qui sera reportée sur l'automne, c'est-à-dire sur la plus douce et la plus régulière des saisons dans nos contrées.

Je l'ai déjà dit autrefois et je reviens à mon idée : il seraità désirer que les concours, pour toutes espèces d'animaux, n'eussent lieu qu'entre des sujets issus dans des arrondissements agricoles que l'on créerait à volonté. Il y aurait, par exemple, l'arrondissement de la plaine de Thionville, dans lequel entrerait tout le canton de Thionville et une partie des cantons de Cattenom et de Metzervisse. On pourrait en créer un autre dans les côtes.

De la sorte, chaque localité concourrait tous les deux ans une fois et, suivant toute probabilité, concourrait sérieusement, au lieu de s'abstenir, comme par le temps qui court. Outre qu'il y aurait plus de concurrents, il y aurait encore un autre avantage très-digne d'être médité, à savoir, que les cultivateurs qui occupent les limites de l'arrondissement ne seraient plus en concurrence avec les riches agronomes de la plaine. Ils lutteraient à armes égales, c'est-à-dire dans les seules conditions capables d'exciter leur émulation. Cette manière rationnelle de procéder ne serait d'ailleurs qu'une imitation de ce qui se passe dans le Grand-Duché, où deux sociétés agricoles opèrent dans des zônes différentes.

Dans ce pays où l'on est si avide de favoriser l'agriculture, on a institué, en outre, des concours communaux où l'on donne de petites primes aux propriétaires et aux bergers qui possèdent les plus beaux verrats, les plus beaux béliers et les plus beaux taureaux. On reconnaît aujourd'hui que ces concours institués dans chaque commune contribuent à faire entretenir, pour l'usage public et en nombre suffisant, des reproducteurs excellents. En 1868, on a dépensé, pour cet objet, une somme de 11,787 francs. Les crédits portés au budget des dépenses de l'Etat, pour 1866, en faveur de l'agriculture et des services qui s'y rattachent, a été, de 68,620 francs pour tout le Grand-Duché.

Les Sociétés agricoles luxembourgeoises ont un effet moral très-appréciable sur les cultivateurs dont l'émancipation intellectuelle fait des progrès étonnamment rapides. Une action analogue se produit chez nous. En effet, ce n'est guère que depuis la création du Comice que les bonnes méthodes s'infiltrent dans notre arrondissement. Jusque là, on ne voyait pas une seule récolte cultivée en lignes, même sur le bassin de la Moselle, tandis qu'aujourd'hui la culture en lignes, pratiquée au moyen des houes à cheval et des butoirs, est répandue, sinon généralisée, dans tout notre pays. Les fosses à purin, le drainage, les irrigations, les charrues sous-sol, les scarificateurs, les machines à battre perfectionnées, les moulins à farine, le rouleau en fer et le rouleau-squelette sont autant de conquêtes dues à l'intervention du Comice.

Parce que le progrès est lent à réaliser, parce qu'on ne parvient pas tout d'un coup à faire table rase des procédés agricoles surannés, faut-il jeter le manche après la cognée? Ne vaut-il pas mieux porter nos regards sur l'agriculture luxembourgeoise qui nous offre tant d'exemples à imiter et qui, espérons-le, finira bien, de proche en proche, par étendre ses conquêtes à toute notre contrée?

Une chose m'a toujours frappé, c'est l'absence complète de discours aux fêtes agricoles de Luxembourg. On se contente d'y exposer de beaux produits, de magnifiques animaux, et le public puise ses enseignements dans les faits. Il vaut mieux s'adresser aux yeux qu'aux oreilles, d'autant mieux que, comme dit lord Byron, *les yeux ont des oreilles*. C'est donc aux yeux du cultivateur qu'il faut s'adresser; le meilleur moyen de le convertir consiste à lui montrer de bons résultats. Les plus beaux raisonnements du monde auront toujours du mal à vaincre l'incrédulité de cet adepte de saint Thomas. L'aspect d'une belle végétation est seul capable de le séduire; la perspective d'une bonne récolte l'entraînera dans la voie du progrès plus sûrement même que l'appât des primes.

Pendant quelques années, le Comice de Thionville a publié le compte-rendu de ses séances dans le *Bulletin* des Comices du département, paraissant par livraisons trimestrielles. Ce genre de publication, disait-on, devait avoir l'avantage d'établir un moyen de communication entre les quatre Comices. Cependant, on lui a bientôt reconnu de graves inconvénients. En effet, lorsqu'un agriculteur a une communication à faire au Comice, il choisit communément l'époque de l'année à laquelle ses propositions peuvent être sanctionnées par la pratique. Il y a donc lieu de divulguer sur-le-champ la méthode qu'il propose, et l'on peut dire, à cette occasion, que *le temps est de l'argent.*

Or, qu'est-il arrivé souvent ? Le Comice entendait, au mois de février, la lecture d'un rapport concernant un instrument agricole ou l'introduction d'une plante nouvelle, et c'était six ou huit mois plus tard qu'on lisait le rapport dans le *Bulletin.*

Aujourd'hui, le Comice de Thionville a son bulletin spécial qui, dans l'année qui vient de s'écouler, a été substantiellement alimenté par les conférences faites à MM. les instituteurs. C'est un grand progrès, mais il reste encore quelque chose à faire. En effet, ce n'est pas assez que les membres du Comice, que les instituteurs soient tenus au courant de ce qui se dit au sein d'une société composée d'hommes sérieux et dévoués au progrès agricole. Il ne faut pas oublier que notre principale et plus importante mission consiste à faire infiltrer le progrès dans les masses, à déloger l'e pirisme au profit d'une pratique raisonnée ; en un mot, à élever l'agriculture de notre pays à un rang supérieur. Pour atteindre ce résultat, il est nécessaire que les travaux du Comice transpirent dans le public au moyen de la presse départementale. Déterminons-nous une bonne fois à confier aux journaux le compte-rendu de chaque séance : non un compte-rendu sommaire qui se borne à énoncer les faits, mais une relation explicative qui insisterait sur les points les plus capables d'intéresser et surtout d'éclairer le lecteur.

La scission que la force des choses a opérée entre notre Comice et celui de Metz, quant à la publication de leurs travaux respectifs, démontre l'inanité du projet attribué à la précédente administration préfectorale, projet soutenu d'ailleurs par les conclusions d'un rapport de M. Pelte. Ce projet avait pour but de fondre tous les Comices du département pour créer une Commission centrale d'agriculture siégeant à Metz. Quoi ! nous avons du mal à réunir les cultivateurs au chef-lieu d'arrondissement ; la grande distance à franchir éloigne de nos séances presque tous ceux qui habitent le canton de Bouzonville, une bonne partie de ceux qui résident dans les cantons de Sierck et de Metzervisse, et c'est dans de telles conditions qu'on nous a proposé l'absorption de notre Comice ! Pour un département de 400,000 âmes, il n'y aurait eu qu'un seul Comice, quand le Luxembourg, qui renferme seulement 200,000 habitants, n'a pu se dispenser de former deux sociétés agricoles, indépendamment d'une Commission d'agriculture qui est plus spécialement chargée du soin des intérêts agricoles du pays. Grâce à M. le Préfet qui administre aujourd'hui le département avec autant de bienveillance que d'équité et d'intelligence pratique, ce funeste projet est tombé à l'eau.

Loin d'avoir besoin d une direction supérieure, le Comice de Thionville, disent ses rivaux eux-mêmes, est à la tête du progrès agricole dans le département. Malgré cela, nous savons ce qu'il nous reste à envier aux cultivateurs du Luxembourg, ainsi qu'à des fermiers de la Meurthe et des Ardennes, qui paient leur canon avec le produit des bêtes de rente. Il nous faudra encore déployer de vigoureux efforts pour amener notre arrondissement à posséder une proportion tout-à-fait convenable de cultures fourragères. Avec l'augmentation des fourrages, nous aurons plus de bétail et, par conséquent, plus de fumier : nous ne connaîtrons plus les mauvaises années.

A ce point de vue, voici quelques chiffres qui établissent péremptoirement la prospérité de l'agriculture luxembourgeoise : en 1866, il y avait, en France, 100 têtes de gros bétail pour 185 habitants et 267 hectares; en Prusse, 100 têtes pour 138 habitants et 214 hectares; dans le Grand-Duché, 100 têtes pour 145 habitants et 191 hectares.

Cette question des fourrages, si grandement prise en considération par les Luxembourgeois, nous paraît être une question capitale en agriculture. C'est plus qu'une question scientifique, c'est une question d'humanité, parce qu'il est avéré qu'en remplissant les greniers du cultivateur, on porte l'abondance dans tous les rangs de la société.

II

MÉTHODES DE CULTURE.

J'ai dit, dans le précédent chapitre, que l'agriculture luxembourgeoise est supérieure à la nôtre. M. Fischer, vétérinaire à Luxembourg et certes un des agronomes les plus distingués du Grand-Duché, a mis cette vérité en relief, dans un ouvrage très-consciencieux où se lisent ces lignes : « il n'existe peut-être pas un pays en Europe où l'agriculture ait fait depuis une vingtaine d'années d'aussi rapides et d'aussi grands progrès que dans le Luxembourg. »

Je ferai suffisamment ressortir, je l'espère, dans le cours de cette étude, la part qu'a prise le génie agricole des habitants dans cette transformation à bref délai de l'agriculture du Grand-Duché

Pour le moment je dois, avant de m'engager dans l'exposition et la discussion des faits, payer un juste tribut d'hommages au protecteur le plus assidu et le plus puissant de l'agriculture grand-ducale, c'est-à-dire au Lieutenant représentant de Sa Majesté le Roi Grand-Duc, à S. A. R. le Prince Henri des Pays-Bas.

En effet, le Prince ne se contente pas de donner annuellement des sommes importantes destinées à être distribuées en primes par le Cercle agricole et par la Société royale agricole. Son Altesse a accepté la présidence d'honneur des deux sociétés et Elle se fait un plaisir d'assister régulièrement à leurs concours et à leurs fêtes.

C'est à ces occasions qu'il m'a été donné, ainsi qu'à plusieurs de mes collègues, d'apprécier le caractère bienveillant du Prince et son exquise courtoisie à l'égard des agriculteurs étrangers.

L'esprit profondément libéral de Son Altesse se distingue spécialement par un profond amour des choses agricoles et des agriculteurs qui, à ses yeux, sont les soldats de la civilisation et du progrès, les seuls pour ainsi dire qu'on remarque dans cet heureux pays de Luxembourg que l'on peut, à tant de titres divers, proposer pour modèle et que nous sommes fiers d'avoir pour voisin.

Ce qui nous a touchés par dessus tout, au dernier concours agricole de Luxembourg, c'est de voir Madame la Princesse elle-même, après avoir visité l'exposition horticole, s'asseoir à la distribution des prix, entre son illustre époux et l'honorable Président du Cercle agricole. Cette coopération morale d'une princesse aussi gracieuse par les manières qu'élevée par la naissance est un précieux stimulant pour les cultivateurs du Grand-Duché.

Au reste, l'assistance bienveillante et toute familière de Son Altesse n'a pas l'air de surprendre nos bons voisins du Luxembourg. Elle est conforme à la douceur des mœurs de ce pays si exigu sur la carte et si grand, à notre point de vue, par l'état florissant de son agriculture et par le libéralisme de ses institutions.

Le Prince Henri sait et proclame que l'agriculture est la première industrie, l'industrie mère de l'Etat qu'il administre. Il la protège par tous les moyens possibles. Son initiative personnelle s'est particulièrement fait sentir aux usines du domaine privé royal de Berg qui tient à la disposition des agriculteurs les instruments les plus variés et les plus conformes aux besoins du pays. L'établissement de cette fabrique importante a inauguré dans le Grand-Duché l'introduction générale des meilleures machines agricoles.

La présence du Roi dans le Grand-Duché, en 1853, a été très-propice à l'agriculture. Sa Majesté a honoré de sa visite une magnifique exposition horticole qui eut lieu à cette époque. Elle a influé puissamment sur la solution d'une question qui était à l'étude : la création d'une Ecole d'agriculture à Echternach. Cette école, qui a été dirigée par M. Ch. Faber, n'a pu malheureusement se soutenir ; elle a été dissoute en 1868. Désormais, on enseignera des principes élémentaires d'agriculture pratique dans les cours supérieurs des écoles primaires.

En 1852, S. A. R. le Prince Henri a introduit dans le Luxembourg la presse à double effet pour la fabrication des tuyaux de drainage de Whitehead. C'est à cette machine qu'a été décernée la médaille d'or, à la grande Exposition générale de 1852, à Londres. Vers la fin de 1855, Son Altesse a importé des échantillons de froment du Maroc, et, à différentes reprises, Elle a cherché à stimuler dans le pays la culture des bonnes espèces de houblon. En général, du reste, son intervention généreuse s'exerce dans toutes les occasions où il est possible de faire progresser la principale industrie luxembourgeoise.

Cette impulsion salutaire imprimée à l'agriculture par le

Lieutenant représentant du Roi est favorisée largement par les hommes éminents qui siègent au Gouvernement, et elle trouve aussi un précieux p int d'appui dans les lumières et le zèle d'une pleïade d'agriculteurs distingués.

« Le cultivateur luxembourgeois apporte généralement le plus grand soin à ses cultures. C'est une condition indispensable de réussite, dans un pays où le sol est le plus souvent de mauvaise nature et difficile à cultiver. »

Cet énoncé, que j'emprunte à M. Fischer, indique préalablement que les hommes qui exploitent la propriété dans le Luxembourg doivent à eux-mêmes, à leur intelligence et à leur volonté persévérante, non aux faveurs de la nature leur situation prospère. Ce n'est qu'à force de peine et de soins, dit M. Fischer, qu'on est parvenu à amener la terre à l'état où elle se trouve actuellement. Le même auteur, avec autant de raison que de bon sens, s'exprime ainsi : « bien cultiver une bonne terre, n'est pas chose difficile. Bien cultiver une mauvaise terre forte, est un fait qui doit attirer l'admiration du cultivateur intelligent. »

C'est là, précisément, que se manifeste l'aptitude des Luxembourgeois. Doués d'un esprit patient et tenace, ils ne se laissent pas volontiers rebuter par les difficultés. Ils savent qu'on peut rendre toutes les terres bonnes et ils s'appliquent obstinément à étendre la portée du *chant du coq*.

Il y a sans doute des principes généraux, en agriculture. Toutefois, l'agriculture est une science de localités, parce que chaque sol, chaque climat a des exigences particulières. Sous ce rapport, il y a une grande analogie entre la partie sud de Luxembourg et la majeure partie de notre arrondissement. A part le bassin de la Moselle, où règnent les terres d'alluvion, c'est-à-dire celles où il n'y a pas grand mérite à faire de la bonne culture, notre pays n'est guère plus favorisé que la partie sud du Grand-Duché, c'est-à-dire la meilleure : comme celle-ci, il est composé de côtes et de terres fortes, et, sous ce rapport, il est placé dans des conditions géologiques analogues à celles du Luxembourg.

Cette analogie primordiale me semble commander toutes les autres. Le fonds et le climat étant à peu près les mêmes, les résultats pratiques peuvent et doivent être identiques. C'est pourquoi, vraisemblablement, nous nous apercevrons un jour que nous aurions pu économiser beaucoup de temps et d'argent si, au lieu de faire école en essayant des types d'animaux étrangers, nous nous étions contentés purement et simplement d'utiliser l'expérience des Luxembourgeois, de telle sorte qu'on aurait pu nous appliquer cette maxime de Phèdre : « Heureux ceux que l'expérience d'autrui rend sages. »

Nous voulons opérer d'une manière indépendante. Soit. — Nous comptons obtenir une race renommée de *chevaux mosellans*. C'est un résultat séduisant, mais je n'ose l'espérer. — Nous tentons de regénérer, au moyen d'une grande race, notre espèce bovine qui ne parait avoir besoin que d'une bonne nourriture et des soins d'une sélection intelligente. Accordé encore. — Mais si un jour nous commençons à perdre confiance dans ces essais qui me semblent riches d'illusions, il sera bon de savoir quelle direction les Luxembourgeois ont prise, lorsqu'ils ont tourné bride, s'apercevant qu'ils avaient fait fausse route. C'est pourquoi, il est utile, dès aujourd'hui, d'observer et d'étudier ce qui se passe chez eux. Cette étude pourra peut-être servir à nous éclairer et à abréger pour nous le temps des expériences coûteuses.

Ceci dit, je rentre dans mon sujet, en citant ce fait, emprunté à l'ouvrage de M. Fischer, que les cultivateurs du Grand-Duché font de grands efforts pour sortir de l'assolement triennal. A part de très-rares exceptions, nous y demeurons en plein, malgré les exhortations infatigables du Comice. Nous y demeurons, parce que nous n'avons pas assez de fumier, et, à la vérité, il serait téméraire d'en sortir, tant que la masse des engrais disponibles n'aura pas augmenté. D'ailleurs, le morcellement de la propriété s'oppose généralement à l'adoption du système de culture alterne ; toutes les pièces de terre enclavées sont fatalement condamnées à se régler sur les cultures voisines.

On est toujours enchanté de trouver une compensation à côté du mal et le proverbe a quelquefois raison : « à quelque chose malheur est bon » Ce morcellement du sol, objet de tant de déclamations, préserve nos campagnes d'une complète dépopulation Aujourd'hui, les ouvriers, même au village, jouissent de salaires convenables ; ceux qui ont de l'ordre font des économies. Arrive une vente publique d'immeubles et le notaire constate que les *petites gens* surenchérissent sans relâche, pour placer à tout prix le fruit de leurs épargnes. Les plus petites parcelles sont les mieux vendues.

Or, tout manœuvre qui devient propriétaire, reste attaché au sol. Il contracte avec le laboureur une association en vertu de laquelle ils se donnent une assistance mutuelle, à des prix doux, celui-ci avec ses attelages, celui-là au moyen de ses bras. Et voilà comment il nous est encore possible de marcher, en agriculture, malgré l'émigration.

Quoi qu'il en soit, les Luxembourgeois rencontrent les mêmes difficultés que nous pour la suppression de l'assolement triennal. Toutefois, partout où il subsiste encore, « il s'est heureusement modifié, en ce sens que la culture des pommes de terre et du trèfle y a généralement pris la place de la jachère. »

C'est à ce résultat que nous devons tendre : dans l'impossibilité de détruire l'assolement triennal, le rendre aussi bon que possible. C'est tout simplement une question d'engrais : avec de bonnes fumures, l'assolement triennal ne me paraît pas le céder à un autre. Rien ne m'empêche de le supprimer, dans mes terres qui sont toujours accessibles, et, néanmoins, je le conserve.

Je regrette d'insister sur ma façon de procéder ; mais enfin, puisqu'elle peut sembler routinière et que, en réalité, elle me donne des bénéfices, il est juste que je la détaille. C'est un assolement triennal perfectionné. Je m'en trouve très-bien et je ne crains pas de le recommander.

Je débute par du *colza* copieusement fumé. Ensuite, vient du *blé* non fumé. A la troisième année, *avoine* sur fumure. Après l'avoine, du *trèfle*. A la cinquième année, du *blé* sans engrais nouveaux. Enfin, en sixième lieu, du *seigle* fumé.

Dans ce système, on pourrait, suivant le climat, ou d'après les conditions géologiques, remplacer le colza par des pommes de terre, des betteraves, des vesces, des féverolles. etc. Il me permet de conserver la terre toujours parfaitement nette de mauvaises herbes, grâce aux opérations suivantes. 1re année : le colza est biné ; entre le colza et le blé, il y a une demi-jachère qui dure trois mois, du 15 juillet au 15 octobre, et consiste en un seul labour suivi de plusieurs coups de scarificateur, dont le dernier à la semaille, pour enterrer le blé. 2e année : après le blé, la terre est labourée, au mois d'août, et plusieurs fois scarifiée et hersée avant l'hiver. 3e année : au printemps, l'avoine est semée sans labour et enterrée au moyen d'un coup de scarificateur suivi de la herse. 4e année : le trèfle qui vient après l'avoine, dans une terre grasse et bien appropriée, s'empare tellement du terrain, qu'il ne reste pas la plus petite place pour les plantes adventices. 5e année : le blé qui vient sur un semblable trèfle est net de mauvaises herbes ; dès qu'il est rentré, la terre est labourée, vers le 15 juillet, et plusieurs fois scarifiée jusqu'en septembre, époque à laquelle on sème le seigle. 6e année : aussitôt que le seigle est coupé, on le met en gerbes et en meulons, pour que les voitures puissent déposer le fumier dans les pièces. Après l'épandage du fumier, on laboure et l'on herse sur un premier semis de colza. Si ce premier semis échoue, on recommence une fois, plusieurs fois, s'il le faut, à semer sur un seul coup de scarificateur. Cette année, c'est le quatrième semis seulement, opéré le 25 août, qui a réussi ; les autres ont donné de belles levées de plantes qui ont été impitoyablement détruites par les altises. Pour ces semis supplémentaires, le scarificateur est infiniment préférable à la herse. Il a le double avantage de nettoyer la terre et d'enfouir la graine de colza assez profondément pour qu'elle trouve le degré d'humidité nécessaire à sa germination.

Avec cette méthode qui ne comporte que cinq labours à la charrue en six années, la terre est toujours propre, sans autre opération manuelle qu'un binage du colza sur les lignes. Les blés sont exempts de mauvaises herbes, l'avoine et le seigle également, par la raison qu'aucune de ces céréales n'est semée sur un labour frais, c'est-à-dire derrière la charrue. Celle-ci, en effet, retourne la terre et ramène à la surface des graines de plantes parasites qui germent immédiatement; il faut leur donner le temps de se former, pour pouvoir lesdétruire avec le scarificateur, avant de semer les céréales.

J'ai emprunté au Grand-Duché, non cet assolement, mais cette méthode de culture. Je l'ai puisée dans l'exploitation que gérait, à Rosport, près d'Echternach, M. Tudor, agriculteur anglais très-habile, qui était venu se fixer dans ce pays où il a contribué à répandre les procédés de culture britannique.

M. Tudor cultivait, en majeure partie, un sol argileux. L'état de ses terres faisait contraste avec celles de ses voisins. J'ai visité son exploitation dans une saison d'été très-pluvieuse. En parcourant le territoire de Rosport, M. Tudor me disait : je ne vous montrerai pas mes sillons, vous les reconnaîtrez, entre tous, à l'ameublissement comme à l'état de propreté du sol.

Effectivement, toutes les terres cultivées par cet agronome, très-judicieux observateur, portaient en quelque sorte sa signature. Au milieu d'une sole de plantes sarclées salie par des herbes que la pluie aidait à croître et à pulluler dans un sol compact et visqueux, je distinguais çà et là des pièces propres, dans lesquelles la terre était douce au toucher, grenue, perméable.

Or, à quelle circonstance favorable les biens cultivés par M. Tudor devaient-ils cet heureux privilège d'avoir pu, malgré les pluies, être ensemencés ou plantés convenablement et binés avec succès ? Ils devaient cette immunité aux labours pratiqués avant les gelées.

Une terre remuée avant de subir l'action des froids de l'hiver, disait M. Tudor, restera meuble toute l'année; un coup de scarificateur donné au printemps et des binages pratiqués à la faveur de quelques beaux jours entretiendront cet ameublissement.

J'ai profité des leçons que j'ai reçues à cette occasion et, depuis 1856, j'ai pu me convaincre, année par année, que le système de culture préconisé par le praticien de Rosport réussit non point par hasard, dans des années exceptionnelles, mais régulièrement et immanquablement.

Jamais l'épreuve n'a été aussi concluante qu'au printemps de 1866. On se rappelle que les terres qui ont été labourées dans cette période offraient à la vue des bandes de colle que la herse était impuissante à entamer. Lorsque la sécheresse est survenue, elle en a fait un macadam inaccessible à l'action de l'air.

Au contraire, dans les sillons tracés avant l'hiver, la semence a bien levé, la végétation a marché régulièrement, la récolte a été normale.

En principe, toutes les terres fortes devaient être labourées avant les gelées. Je sais bien que dans la pratique il se rencontre des circonstances particulières qui ne permettent pas toujours d'agir ainsi, soit parce que l'automne est trop pluvieux, soit parce que la persistance de la gelée ou de la neige ôte l'occasion de labourer pendant l'hiver. Cela n'empêche pas le principe d'être inattaquable.

D'ailleurs, il ne faut pas attendre, pour appliquer cette excellente pratique, que la saison soit avancée. Dès qu'on a engrangé les céréales, on peut saisir tous les moments de loisir, pour labourer les terres destinées à recevoir des marsages. Si le labour est fait de bonne heure, il sera d'autant plus efficace, surtout avec le secours complémentaire du scarificateur. On aura le double bénéfice de la jachère d'été et de la jachère d'hiver. La récolte, à coup sûr, sera supérieure à celle des champs voisins, d'une égale fertilité, qu'on ne labourera qu'au printemps.

On objectera — c'est l'objection que m'ont faite quelques cultivateurs — que le sené (sinapis arvensis) envahit volontiers les terres labourées en automne. D'abord, n'oublions pas que, dans tous les cas où les labours ont eu lieu en août et septembre, pour être ensuite perfectionnés au moyen du scarificateur, on met le sol dans un état de propreté et d'ameublissement convenable pour un semis de blé et, à plus forte raison, pour une récolte d'avoine. En second lieu, c'est à-dire dans l'hypothèse d'un labour tardif, si l'action du scarificateur n'est pas ménagée, au printemps, au moment où l'on sème le marsage, elle a pour effet de détruire le sené et toutes les plantes nuisibles qui ont germé dans le sol.

En tout cas, l'expérience démontre qu'il faut absolument éviter de donner, au printemps, un nouveau labour à la charrue, à moins que le temps, tout-à-fait propice, n'ait amené la terre à un état de dessication convenable. Hormis ce dernier cas, qui ne se présente pas souvent, les effets salutaires de la gelée seront effacés complètement dans les terres fortes, par un second labour au moyen de la charrue.

Au reste, pourquoi faire la dépense d'un labour supplémentaire ? Il est parfaitement inutile, quand il n'est pas nuisible. En effet, si l'on se contente de scarifier, on nettoie le sol ; au contraire, en labourant, on ramène à la surface une couche de terre infestée de mauvaises semences.

Et voyez quel immense avantage possède celui qui pratique la méthode rationnelle importée par M. Tudor dans le Grand-Duché. Elle donne l'assurance de pouvoir semer dans de bonnes conditions tous les marsages, quelle que soit l'inclémence de la saison. En effet, la terre la plus argileuse, lorsqu'elle a été labourée avant les gelées, n'a pour ainsi dire besoin que d'être grattée à sa surface, à l'époque des semailles. Elle se réduit en terre meuble au moindre choc; celui qui a eu la précaution de la préparer de la sorte se réserve une grande satisfaction. Tandis que ses voisins gémiront en voyant de continuelles averses noyer leurs champs et condamner leurs attelages à l'oisiveté, il saisira facilement une éclaircie pendant laquelle ses sillons seront un peu ressuyés , et vite en avant les semeurs suivis du scarificateur ou simplement des herses à dents de fer.

Par un printemps pluvieux, M. Fischer attendait le beau temps pour donner un second labour à un terrain que la charrue avait retourné avant l'hiver. La pluie tombant toujours, il se décida à planter les betteraves dans le courant de mai, sans labourer : jamais il n'eut plus belle récolte. Le même fait s'est produit chez beaucoup d'autres cultivateurs. Ce sont des enseignements fortuits qui seraient bons à noter.

N'oublions pas que le printemps est une époque de fiévreuses occupations où un chef de culture un peu ardent ferait volontiers au bon Dieu une pétition pour allonger chaque jour de douze heures. La besogne est là, pressante et multipliée, et celui qui attend la dernière heure pour mettre ses charrues en mouvement fait toutes ses opérations tardivement, tandis que l'expérience lui a démontré que, en thèse générale, les semences confiées de bonne heure à la terre donnent les récoltes les plus abondantes. Cela est essentiellement vrai pour les féveroles et l'avoine; c'est encore vrai pour l'orge et les pommes de terre, principalement sous un climat excessif comme le nôtre, où la sécheresse arrête la végétation quelquefois dès le mois de mai et même dans la seconde quinzaine d'avril, en sorte que les plantes les plus précoces, celles qui de bonne heure couvrent le sol et le protègent contre les ardeurs du soleil, sont les plus assurées du succès.

En agriculture, l'homme qui veut parvenir doit être avant tout industrieux et vigilant. Le proverbe « aide-toi, le ciel t'aidera », est surtout vrai en matière agricole. L'homme des champs est presque toujours en lutte avec les intempéries atmosphériques ; le temps qui règne est rarement celui qu'il désire. Précisément parce que Dieu l'a condamné, suivant l'écriture, à gagner sa vie à la sueur de son front, il ne doit pas s'accoutumer à compter sur les bienfaits de la providence. Il est infiniment plus sage d'exercer sa prévoyance personnelle pour déjouer les coups du temps, pour tromper en quelque sorte les éléments, en annihilant leur influence nuisible.

La terre, *alma parens !* n'est mère bienfaisante qu'à la condition de l'arroser de sueur et de déchirer son sein avec le fer des instruments. N'attendons rien que de notre travail et de notre intelligence. En nous appliquant à pénétrer le secret des lois économiques de la nature, nous ferons la prière la plus agréable au Créateur. Ce n'est qu'en détruisant l'ignorance, cette autre plante nuisible, que nous terrasserons la misère, la misère qui, n'en déplaise à M. Thiers, ne peut pas et ne doit pas être la *condition inévitable* de l'homme dans le plan général des choses. Ce n'est pas une pensée religieuse qui peut admettre la résignation à la misère. Ce n'est pas non plus une pensée digne d'un homme, car le plus pauvre esprit est accompagné de bras qui peuvent défier la misère, dans ces temps de difficile et rare main-d'œuvre. Disons que le travail est la condition de l'homme, à la bonne heure !

Si je me permets ici de communiquer aux cultivateurs le fruit de mes réflexions, ce n'est pas que gros Jean veuille en remontrer à ses maîtres. Non : mais j'ai le droit de leur parler, parce que j'ai l'habitude de les écouter, mieux encore, de consulter leur expérience et de faire avec eux, à toute occasion, des conférences intimes dans lesquelles je cherche moi-même à m'instruire et, dans tous les cas, à faire prévaloir la vérité, non le parti, contrairement à ce qui arrive dans la plupart des discussions.

D'ailleurs, il ne faut pas craindre de parler quand il s'agit de sauvegarder les intérêts de l'agriculture. Celle-ci mérite qu'on la traite non comme un métier, mais comme une science et comme la première des sciences, attendu qu'elle les condense toutes.

Certes, il faut convenir que les améliorations solides, définitives, durables sont rares et c'est parce que les cultivateurs en ont l'expérience qu'ils se montrent défiants. Cette défiance, je la partage ; je crains l'enthousiasme des choses nouvelles, mais ce n'est pas une raison pour nous abstenir, tous tant que nous sommes, de chercher toujours à faire mieux. Tandis que les besoins de la population augmentent sans relâche, nous ne pouvons pas, comme en Amérique ou dans les steppes de la Russie, agrandir chaque jour l'étendue de notre domaine. Il faut donc, l'étendue de notre sol ne variant pas, que nous en élevions le produit.

Un des premiers moyens qui sont à notre disposition, pour augmenter la production du sol, consiste à supprimer la jachère, Toutefois, il faut l'abolir *méthodiquement.*

Je m'explique.

Quand nous parlons de renoncer à la jachère, nous rencontrons une vive opposition, quelquefois même, pourquoi ne pas le dire? nous faisons naître un sourire de pitié. Un fermier très-intelligent me disait, il y a peu de temps: « j'ai de fort beau blé après la jachère, mais toutes les fois que j'entreprends de cultiver des féveroles ou toute autre légumineuse — ainsi que l'enseigne le Comice — je ne réussis plus avec le blé qui suit. »

— « La conclusion? »

— « Je conclus qu'il faut absolument de la jachère pure, dans mes terres argileuses. »

Pour moi, je ne conclus pas ainsi. Je cultive aussi quelques terres fortes, et des plus compactes. Je n'y fais pas de jachère morte, mais quand j'y sème des vesces, je fume et j'obtiens un fourrage abondant. Après les vesces, récoltées du 25 juin au 15 juillet, on a le temps de faire une demi-jachère et le blé qui vient après ne laisse rien à désirer.

Toute l'agriculture est dans l'engrais. Faites de la jachère dans le but de suppléer à l'engrais qui manque, rien de plus rationnel. Mais hâtez-vous de produire plus d'engrais, par l'extension de vos cultures fourragères, de manière à pouvoir supprimer la jachère qui est un mal.

La jachère engraisse la terre, personne ne le conteste. Cependant, il y a quelque chose qui est non moins incontestable, c'est que de tous les engrais celui de la jachère est le plus coûteux. Un grand nombre de cultivateurs de notre arrondissement ont sous les yeux le Galienberg, sur la côte de Haute-Yutz, lorsque l'occasion les amène à Thionville. Le Galienberg est une terre forte par excellence cultivée par M. Nels. Entre les mains des neuf-dixièmes de nos cultivateurs, le Galienberg aurait les honneurs de la jachère complète. Entre les mains de M. Nels, il est soumis à la culture alterne: betteraves et blé. Il a donné, en 1868, 35 mille kilos de betteraves et 30 hectolitres de blé à l'hectare. Dans cette terre, M. Nels a supprimé méthodiquement, c'est-à-dire avec le secours des engrais, la jachère. Si on a pu l'abolir au Galienberg, il n'y a pas, déclarons-le bien haut, dans tout l'arrondissement de Thionville, une seule pièce de terre qui ne puisse en être affranchie, à la condition d'opérer d'une manière rationnelle.

La jachère deviendra plus rare chez nous, comme dans le Luxembourg, à mesure que se répandront les bons assolements qui permettent d'entretenir le sol dans un état de produit constant.

Dans un bon système de culture, la jachère est impossible. Les engrais devenant de plus en plus abondants, on finit par ne plus savoir où les placer ; je vais être obligé, au printemps, de cultiver des pommes de terre dans des terres qui étaient destinées à recevoir de l'avoine ; elles ont été fumées en 1868 et elles vont recevoir une nouvelle fumure dans les premiers mois de 1869. Avec ce luxe d'engrais, la culture d'une céréale n'est plus possible. Quant à la jachère, l'homme le plus fou n'oserait plus la proposer.

Eh bien, ce qui a lieu chez moi se voit aussi chez M. Nels. Ajoutons que dans le Luxembourg, il se passe quelque chose d'analogue : on y a tellement créé de prairies que l'abondance des engrais qui s'en est suivie a entraîné, par la force des choses, la suppression de la jachère, sur bien des points.

On est surpris de voir les cultivateurs les plus fanatiques de jachère négliger les labours d'hiver qui ne sont autre chose que la jachère de morte saison. Cette variété de jachère a une grande importance. Outre qu'elle amène la destruction d'une foule de larves d'insectes, elle procure les mêmes avantages que la jachère d'été, en neutralisant les germes de plantes adventices et en ouvrant le sol à l'action fertilisante des agents atmosphériques. Elle permet à la pluie et surtout à la neige, qu'on appelle le fumier du pauvre, de s'insinuer dans une terre que l'action successive de la gelée et du dégel rend excessivement poreuse. Enfin, la jachère d'hiver n'a pas, comme l'autre jachère, l'inconvénient d'accumuler deux années de loyer sur une seule récolte. On peut être à plaindre quand on est forcé de recourir à celle-ci, mais on est à coup sûr blâmable de ne pas employer la première.

III

RACE CHEVALINE.

La question de l'amélioration de la race chevaline dans notre pays est une des plus dignes d'intérêt. Elle a déjà fait l'objet de nombreux rapports de membres très-éclairés des Comices de Metz et de Thionville. Elle a, de plus, été la source d'une polémique très-vive entre un membre de l'administration des haras et plusieurs cultivateurs des plus intelligents parmi ceux de l'arrondissement de Thionville. Dans cette lutte où les adversaires ont également apporté de fortes convictions et déployé de la verve, il a été beaucoup question des chevaux luxembourgeois. Amèrement critiqués par le fonctionnaire, ils ont été indirectement défendus par l'agriculteur qui plaidait la cause des chevaux de trait.

Je me propose de rentrer incidemment dans ce débat éteint, non avec l'intention de le rallumer, plutôt avec le désir de prononcer quelques paroles de conciliation.

Il est certain que notre espèce chevaline est abâtardie. Cependant, personne ne contestera qu'elle s'est considérablement améliorée. Je me rappelle, disait M. Lapointe (de Maizery), en 1864, qu'avant 1820, on voyait arriver au marché de la place Saint-Louis des voitures chargées d'une douzaine de sacs de blé attelées de six chevaux qui n'étaient guère plus grands que des chèvres et dont la crinière feutrée, vierge du peigne, pendait jusqu'à terre. Aujourd'hui stationnent sur le même pavé des voitures de vingt-cinq sacs amenées par quatre vigoureux chevaux.

Non seulement nos chevaux ont pris de la force, à l'aide des fourrages artificiels et par la suppression de la pâture nocturne, mais encore leurs formes se sont améliorées par les seules influences hygiéniques. Telle qu'elle est aujourd'hui, notre race chevaline offre des qualités fondamentales peu communes à d'autres espèces. Ainsi, le cheval du pays est patient, docile, précoce et d'un entretien peu dispendieux. Voilà pourquoi, disons-le de suite, la plupart des éleveurs le préfèrent aux plus beaux chevaux de race noble. Un campagnard me disait un jour à ce propos, comme, du reste, au sujet des croisements de notre espèce bovine avec la race Durham : croyez-vous que, à mérite égal, nous serions assez sots pour ne pas préférer les animaux les plus élégants, les plus distingués ? Soyez persuadé que si nous préférons des espèces moins coquettes, c'est par pure raison.

J'ai consulté un grand nombre de praticiens qui ont élevé des poulains de sang. Ils m'ont affirmé que ces poulains sont plus lents dans leur développement que les chevaux communs. C'est un fait qui, d'ailleurs, s'explique physiologiquement. En effet, les chevaux de race vivent plus longtemps et, par conséquent, rendent des services plus prolongés. Tandis que le cheval du pays est communément usé vers l'âge de 18 ou 20 ans, on voit fréquemment des chevaux de cavalerie réformés à cet âge faire encore un long service de poste ou de diligence, c'est à-dire un service très-pénible. Toutefois, la durée de la croissance d'un animal est directement proportionnée à sa longévité : en sorte que l'espèce de cheval qui fournit la carrière la plus longue est inévitablement la moins précoce. Telle paraît être l'opinion de la Commission d'agriculture de Luxembourg, qui s'exprime ainsi : « toutes les tentatives faites avec les étalons de sang nous ont donné des produits dont le développement était tardif. Aussi, toute mesure qui tendrait à nous faire rentrer dans cette voie échouerait, car les races ne s'imposent pas et s'improvisent encore moins ; elles doivent répondre à la constitution propre du pays, aux habitudes des éleveurs et à leurs débouchés. »

La question est de savoir lequel offre le plus d'avantages à l'éleveur, du cheval de trait commun qui gagne sa nourriture six ou huit mois et peut-être un an plus tôt, ou du cheval de race qui doit durer quelques années de plus. Sous ce rapport, il ne faut pas se dissimuler que les cultivateurs sont pressés de jouir ; ils ont de bonnes raisons pour cela. Ils auront toujours un faible pour les bêtes précoces.

Par quelle série de fautes sommes-nous arrivés à cette dégradation physique de notre espèce chevaline contre laquelle les efforts de l'administration départementale ont pour but de réagir ? Comment sont nés ces défauts que l'on peut reprocher à tant de sujets qui se font remarquer par le volume exagéré de la tête, par le trouble des humeurs de l'œil, par la mauvaise nature de la corne, par la viciation des aplombs ? Toutes ces choses auxquelles les hommes compétents sont d'avis de remédier, quoique divisés quelquefois sur l'opportunité des moyens à employer, sont le résultat d'une alimentation insuffisante jointe à un travail prématuré En imposant de rudes labeurs à des poulains, sans fournir les matériaux nécessaires à la réparation organique, on a déformé des os peu consistants, des épiphyses semi-gélatineuses. Cette détérioration, d'abord individuelle, s'est transmise à l'état latent chez les descendants, en même temps qu'un ordre de causes permanent. De la sorte, les générations chevalines se sont progressivement abâtardies.

A qui ferait-on croire qu'une race quelconque de chevaux ait pu être originairement défectueuse? Non! la nature est toujours correcte : lorsqu'elle n'est pas contrariée, elle ne sait distribuer, aux êtres qui se forment dans son sein, autre chose que l'harmonie des formes. A-t-on jamais vu des sangliers panards, des chevreuils à croupe avalée? Si nos chevaux sont déformés, c'est parce qu'on les a surmenés et mal nourris. Dans les bonnes écuries, il y a de beaux et bons chevaux du pays qu'on aurait le droit de proposer pour modèles et qui pourraient faire souche, sans qu'il fût nécessaire de recourir à des croisements avec des types étrangers au pays. A cet égard, voici le langage tenu par la Commission agricole de Luxembourg: « Les tares, qui autrefois dépréciaient nos races de chevaux de trait, deviennent tous les jours plus rares, non-seulement par suite d'un choix plus judicieux des reproducteurs, mais encore par suite de meilleurs soins. Nous rentrons sensiblement dans l'état normal, l'amélioration de la race par la race. Ceci est d'autant plus désirable que les chevaux du pays jouissent d'une réputation étendue et méritée. Il est de bonne économie de maintenir ce que nous avons et de l'amener par des soins et des appariements raisonnés à toute la perfection désirable. »

Cependant, j'entends dire quelquefois que l'amélioration de la race par elle-même est un procédé sûr, mais trop lent. Ne serait-il pas, au contraire, le plus rapide, s'il était généralement appliqué? Nous avons dit plus loin que la sélection, combinée avec une alimentation meilleure, a singulièrement et heureusement modifié notre espèce chevaline, depuis cinquante ans. Les mêmes moyens, appliqués avec persévérance, sont assurément capables d'en faire une bonne race de trait, au fur et à mesure que l'extension des prairies artificielles augmentera les ressources alimentaires du pays.

Le plus grand ennemi de notre espèce chevaline, c'est le régime qu'on lui impose pendant l'hiver, c'est-à-dire l'alimentation exclusive, ou peu s'en faut, avec la paille. Il est vrai que la paille renferme des éléments respiratoires en quantité suffisante, mais elle ne contient pas assez de matières azotées. Nous savons tous qu'il faut, par jour, 15 livres de foin pour la ration d'un cheval de force moyenne qui ne travaille pas, c'est-à-dire pour la ration d'entretien. Or, pour remplacer les 90 grammes d'azote que renferme cette ration, il faut 60 livres de paille de froment. Comme aucun cheval n'est capable d'engloutir une pareille masse, il est évident que l'alimentation exclusive à la paille est insuffisante pour les chevaux et, *à fortiori*, pour les poulains. Avec ce régime, les animaux peuvent conserver quelque embonpoint, parce que les principes hydro-carbonés, constitutifs de la graisse, ne leur manquent pas ; mais il est évident que la fibre musculaire n'est pas entretenue. Aussi les cultivateurs disent avec raison que les chevaux nourris à la paille *n'ont pas de jambes ;* ils ont soin de les *mettre en fourrage* quelque temps avant les travaux du printemps.

Partout où l'usage des machines à battre et la pratique des jachères d'hiver a forcé à mieux nourrir les chevaux pendant la morte saison, l'espèce chevaline s'est améliorée. A l'appui de cette assertion, il est permis de nommer le canton d'Audun-le-Roman, où la fluxion périodique a disparu presque entièrement. Je pourrais citer, à Serrouville, une écurie où tous les chevaux étaient atteints de cette maladie, il y a vingt ans. Eh bien, les descendants de ces mêmes chevaux habitent la même écurie et ils ont tous de bons yeux. Cette heureuse modification est due au seul régime alimentaire, non aux croisements. En effet, les juments n'ont jamais été saillies que par des étalons de la race luxembourgeoise, laquelle est encore, nonobstant ses excellentes qualités, assez sujette à la fluxion périodique. Quoiqu'il en soit, la méthode d'amélioration à l'ordre du jour, préconisée par les administrateurs du département de la Moselle, qui s'impose à cet égard de grands sacrifices, consiste, non dans la sélection, mais dans les croisements, ou plutôt dans les deux méthodes combinées. Antérieurement déjà, l'administration des haras avait établi des stations d'étalons à Basse-Yutz et à Bouzonville ; mais les reproducteurs dont elle disposait en notre faveur étaient généralement trop légers. Ils ont rarement donné des produits convenables pour le trait. La plupart des chevaux qui en sont issus ne conviennent que pour la remonte, et malheureusement le comité de remonte, pour des motifs que nous ignorons, ne nous achète point de chevaux de selle. Un bon nombre de chevaux issus de la station d'Yutz demeurent entre les mains des cultivateurs qui voudraient bien s'en défaire et qui, bon gré mal gré, les conservent. Parmi ces bêtes de race, il se trouve des juments que j'ai conseillé de livrer à la reproduction par l'emploi de gros étalons de trait

Il est probable que les propriétaires qui ont suivi ce conseil s'en applaudiront plus tard En effet, on remarque ici, conformément à l'expérience acquise en Angleterre, que le croisement au moyen des étalons communs est plus avantageux que celui qu'on opère à l'aide des juments. Nos plus grosses juments, croisées avec des étalons de race, donnent des produits plus ou moins grêles, sauf de rares exceptions. Au contraire, les juments de race, croisées avec les reproducteurs de trait, fournissent des sujets beaucoup plus étoffés que leurs mères. En un mot, l'étalon a beaucoup plus d'influence dans la reproduction que la jument.

La conclusion de ce qui précède, c'est qu'il faudra rendre du gros aux produits nés des étalons anglo-normands. Voilà comment ceux-ci peuvent être utiles : ils corrigent tout d'un coup le tempérament lymphatique de la race du pays, au risque de créer quelques sujets irritables et indociles; mais ils laisseront derrière eux une pépinière de juments capables de donner naissance à de bons et solides produits, en les croisant avec les chevaux de gros trait.

Cependant, il ne faut pas se dissimuler que c'est une matière délicate. Pour réussir, il faudra du jugement, de la persévérance, de la suite dans les idées. Il faudra surtout que l'administration, loin de pousser à outrance à l'élève du cheval de selle, s'applique, à un moment donné, à introduire dans le département des étalons ardennais, pour les croiser avec les produits des anglo-normands. Il n'y a pas, je le crois sincèrement, d'autre ligne de conduite à suivre, si l'on veut que tous les sacrifices faits actuellement par le département n'aboutissent pas à un déplorable *fiasco*. On aura beau discuter et exposer des théories physiologiques, toute la question est là : *faire du gros*. Les cultivateurs savent tous que s'ils ne parviennent pas à élever des chevaux solides, ils sont à peu près certains de perdre.

Un poulain de trait a suffisamment de poids et d'étoffe pour être employé accidentellement à 18 mois et pour rendre de sérieux services à l'âge de deux ans. Au contraire, les poulains légers, outre qu'ils ne jouissent pas d'une force suffisante pour le trait, ont généralement un naturel plus vif, plus enclin aux allures rapides et incompatible avec les lenteurs qui assurent un tirage régulier. Un cheval léger aura beau être énergique, sa poitrine, organisée pour la course et généralement plus développée en profondeur qu'en largeur, aura peu de puissance pour le trait. Quand l'animal, en le supposant doué de bonne volonté, déploiera toutes ses forces dans un coup de collier, il y aura surprise, son poitrail endolori redoutera un nouvel effort. Ce qui explique que si les chevaux légers *dansent*, ce n'est pas pour leur plaisir.

La Commission départementale a fait tous ses efforts, à plusieurs reprises, pour nous amener des étalons plus gros que ceux qui ont fait le service dans nos stations. Mais toute la bonne volonté des membres très-experts qui la composent n'a pu changer la conformation des étalons anglo-normands. Les animaux qu'elle a choisis sont distingués, d'un caractère doux, et généralement assez forts, mais presque tous trop enlevés. C'est là, du reste, le trait distinctif de la race anglo-normande ; c'est un cachet tellement fixe qu'il se transmet presque inévitablement aux produits des croisements, ce qui fait qu'un premier croisement nous donnera rarement le cheval de trait amélioré que nous recherchons. Il faudra absolument, je le répète, revenir au gros, au cheval ramassé. Le cheval de trait *mosellan*, que l'on espère créer, ne sera pas le fruit d'une opération unique : il ne pourra naître que d'une combinaison d'opérations intellegentes. Si l'administration départementale ne prend pas le parti de présider à ces opérations successives, l'initiative des éleveurs sera bientôt fatiguée et déroutée. D'une autre part, il faudra se mettre en garde, je le crains, contre l'influence de l'administration des haras qui sera peut-être plus préoccupée de faire élever des chevaux de guerre que d'améliorer nos chevaux de labour. Si je me trompe, si j'ai le bonheur de la voir un jour nous conseiller l'achat d'étalons de trait, on n'aura pas besoin de me prier pour faire amende honorable. Du reste, il appartiendra aux Comices de faire connaître leur opinion, quand le moment sera venu.

Je viens de dire dans le paragraphe précédent, que le cheval anglo-normand est presque toujours haut sur jambes. C'est un caractère inhérent à la race, héréditaire. Parmi les étalons vendus pour le compte du département, il en est un sur lequel on fondait les plus belles espérances. Ce superbe animal est ramassé, il a *peu d'air sous le ventre ;* c'est le type du reproducteur qui conviendrait à notre pays, s'il avait la faculté de se reproduire tel qu'il est. Eh bien, l'influence de la race est telle, que cet étalon modèle produit souvent, même avec des juments trapues, des poulains qui sont trop élancés. Dans la même écurie, qui est d'ailleurs une de celles où l'élevage du cheval est le mieux pratiqué, des juments également corsées et près de terre ont produit, avec un étalon qui a du sang arabe, des poulains d'un beau modèle, à formes plus arrondies, d'un ensemble plus harmonieux, avec des membres plus courts.

Les hautes jambes ne conviennent pas pour le trait. La longueur des rayons est propre à la vitesse, mais elle est contraire à la force du tirage. Quand un cheval tire, la puissance est, si je ne me trompe, au poitrail : l'appui est aux pieds qui posent sur le sol et la résistance est au palonnier. Par conséquent, les bras de levier sont constitués, d'un côté par les traits, d'un autre côté par les jambes du cheval. Or, chacun sait que la longueur des bras de levier diminue la puissance. Par conséquent, créer un cheval de trait avec de hautes jambes est une opération aussi contraire aux lois de la statique, que celle d'allonger les traits.

De tout ce que j'ai dit dans ce chapitre, il ressortira suffisamment, je l'espère, que je ne suis pas foncièrement hostile aux croisements de notre espèce chevaline avec les chevaux anglo-normands. Il y aura, à mon point de vue et, j'ai le droit de le dire, aux yeux de l'immense majorité des cultivateurs et des hommes compétents, des écueils à éviter. On a déjà échoué avec les stations d'étalons ; on échouera avec les étalons départementaux, si l'on suit les mêmes errements. En un mot, on commence par donner trop de sang ; si l'on n'a pas soin de se hâter d'en rabattre, par des croisements d'une autre nature, on n'obtiendra rien qui vaille, et, une fois de plus, nos éleveurs prendront les chevaux de race en aversion, en voyant qu'ils n'ont pas réussi à faire une espèce de cheval qui trouve grâce devant le commerce.

Pendant que nous allons au hasard pour découvrir l'étalon qui convient à nos juments, nos voisi s du Grand-Duché ont fini d'expérimenter. En 1820, ils ont formé, à Walferdange, un dépôt d'étalons normands et limousins. M. Fischer, vétérinaire, très-expert dans la matière, déclare dans son ouvrage (chose que ses compatriotes affirment avec lui) que « ces étalons, par leurs produits, ont fait plus de mal que de bien à la race chevaline du pays », au point que la Commission gouvernementale d'agriculture, après avoir prôné l'institution, a reconnu qu'elle méritait d'être supprimée.

En conséquence, les Luxembourgeois se sont remis de plus belle à élever des chevaux de trait, en procédant, comme je l'ai déjà dit, par sélection et en faisant ce que nous ferons peut-être nous-mêmes, dans un avenir peu éloigné, c'est-à-dire en primant exclusivement les chevaux de trait. Avec ce système, le commerce de chevaux est devenu « une des branches de l'industrie agricole qui donne le plus de bénéfice aux cultivateurs du Luxembourg. »

Mais quelle est la race de chevaux que possède le Grand-Duché, cette race à laquelle nous faisons, dans notre pays, de fréquents emprunts et que l'Allemagne aujourd'hui, le Duché de Bade et le Wurtemberg, notamment, recherchent particulièrement ? La race de chevaux du Luxembourg hollandais n'est plus la race ardennaise si vantée du temps du premier Empire. Le type ardennais n'existe plus nulle part à l'état de pureté. Il y a dans le Luxembourg beaucoup de chevaux qui se rapprochent plus ou moins du cheval ardennais, malgré une multitude de croisements « comme pour démontrer, dit M. Fischer, que le sol, le climat et les habitudes des éleveurs ont plus d'influence sur la fixité des races que les croisements. »

C'est surtout par des croisements avec des chevaux de la Belgique que la race ardennaise a disparu du Luxembourg. On avait tellement pris en aversion les chevaux fins, que l'on a commencé la réforme en se jetant à l'extrémité opposée, en faisant appel aux étalons lymphatiques de la race flamande et du Hespaye. Puis, on a choisi la race d'entre Sambre-et-Meuse, qui est la race ardennaise maintenue et perfectionnée par les progrès de l'agriculture. Aujourd'hui, dit encore la Commission d'agriculture de Luxembourg, « nos reproducteurs se rapprochent tous de la race condrozienne de moyenne taille, soit de l'ardennais amélioré par le régime. La race gagne en homogénéité et conserve de plus en plus le type d'un bon cheval de trait, tel que le réclament notre pays accidenté, les ressources de nos éleveurs et les besoins de nos relations commerciales. Aussi nos chevaux ne jouirent-ils jamais à l'étranger d'une faveur aussi grande qu'aujourd'hui, et pas plus loin qu'en mai 1865, un étalon du pays obtint le premier prix des chevaux de trait à l'exposition internationale de Stettin.

En effet, l'espèce chevaline luxembourgeoise semble avoir un cachet propre, à en juger par l'exposition qui a lieu annuellement sur la place Guillaume, à Luxembourg, lors des concours du Cercle agricole. Nous sommes habitués à voir là des animaux au corps cylindrique, au poil luisant, aux membres solides, à l'encolure rouée, de forts et vigoureux chevaux qui se laissent docilement mener, à l'aide d'un faible lien, par des enfants, et qui défilent au trot, entre une double haie de curieux, sans détacher une seule ruade. Les aplombs de ces chevaux ne sont pas toujours parfaits, il est vrai ; leurs yeux ne sont pas assez ouverts et leurs sabots paraissent quelquefois cassants. Malgré ces défauts que la sélection corrigerait bien vite, si les meilleurs produits n'étaient si activement exportés par le commerce, les chevaux du Luxembourg sont de fameux animaux de trait qui jouissent d'une faveur méritée. Ils se recommandent par de sérieuses qualités et surtout par une musculature vigoureuse ainsi que par les indices d'un entretien facile.

Il y a tous les ans, à Luxembourg, un concours d'étalons. Les meilleurs sujets y sont admis et primés pour la reproduction. Il y en a toujours 80 à 100 de cette catégorie qui fonctionnent dans le pays. Une quantité d'autres se répandent dans les pays voisins et notamment chez nous. Ces étalons rouleurs que la Commission luxembourgeoise a refusés sont recherchés par nos cultivateurs, à défaut de mieux. C'est d'eux, m'a-t-on assuré, que proviennent les bons chevaux de trait que j'ai remarqués dans les portions de l'arrondissement de Briey qui nous avoisinent.

Les chevaux paraissent être, dans le Grand-Duché, mieux soignés et mieux nourris que chez nous. L'amour du cheval est plus répandu chez nos voisins ; ils sont plus portés que nous à récompenser par de bons traitements cet indispensable auxiliaire dans les travaux des champs. C'est tellement vrai que beaucoup de campagnards luxembourgeois ne battent plus leurs grains à la mécanique, afin de ménager leurs chevaux. C'est peut-être, en partie, une question de tempérament. En tout cas, on comprend les attentions accordées par le paysan luxembourgeois à un animal qui, en lui rendant des services journaliers, lui prépare, en outre, une source de bénéfice par la vente. Il n'en est pas tout-à-fait de même chez nous où je vois quelques agronomes qui considèrent le cheval comme un mal nécessaire et qui pourraient bien trouver en lui un adjuvant très-lucratif, s'ils copiaient fidèlement la méthode d'élevage usitée dans le Luxembourg.

En effet, par cela même qu'on aime le cheval, dans le Grand-Duché, on lui donne à manger. C'est pitié de voir, dans notre arrondissement de Thionville, des cultivateurs intelligents, membres très-zélés du Comice, nourrir les poulains à la paille, avec un peu de mauvais fourrage, tel que du trèfle de semence. Les Anglais recommandent le coffre à avoine, pour élever le cheval. Ah ! si tous ceux qui, chez nous, élèvent des poulains, prenaient seulement la résolution héroïque de leur donner du bon fourrage à discrétion, à partir de la seconde année, que nous verrions vite de beaux chevaux dans notre pays. Le cheval de trait n'est pas si difficile, bon Dieu ! Donnez-lui de l'avoine, ce sera parfait ; mais si vous manquez d'avoine, avec de la luzerne et, mieux encore, avec du sainfoin, vous ferez un élève très-vigoureux. Les exemples à l'appui de cette donnée ne font pas défaut, à la suite de l'année 1867, où la récolte d'avoine a été insuffisante.

Ainsi, même avec très-peu d'avoine, on peut faire de bons chevaux de trait. Les poulains de cette espèce, plus rustiques que les poulains de race, se contentent plus facilement d'une nourriture herbacée. Pendant les dernières semailles, un grand fermier du canton de Metzerwisse me faisait remarquer un contraste dans son écurie : les chevaux du pays s'étaient maintenus en assez bon état ; à côté d'eux, soumis au même travail et au même régime, les chevaux de race étaient amaigris. Ceux-ci, du reste, avaient rendu d'aussi bons services, mais leurs formes anguleuses accusaient plus profondément les effets d'un labeur pénible et prolongé.

On peut donner de l'avoine aux poulains, ou du moins leur accorder la quantité rigoureusement nécessaire, sans faire de grands sacrifices. En effet, le cheval prend une bonne partie de sa croissance dans la première année; et comme, dans cette période, ses organes digestifs sont délicats, il importe de leur fournir une nourriture capable de le sustenter sous un petit volume. En supposant une moyenne de 3 litres seulement par jour, jusqu'au treizième mois, il en résultera une dépense de 7 à 8 hectolitres d'avoine. Quand, au moyen de ce faible tribut, on aura imprimé un salutaire élan à l'organisme du jeune poulain, l'appareil de la digestion sera doué d'une puissance d'assimilation suffisante pour que l'emploi seul de bons fourrages puisse achever, au besoin, une évolution organique initialement rapide.

Beaucoup de campagnards, dans nos contrées, ont la déplorable coutume de s'attarder dans les cabarets pendant que leurs chevaux sont exposés, devant la porte, à toutes les injures du temps et privés de nourriture. Tandis que l'homme boit et joue aux cartes les bêtes *lisent la gazette*. J'ai entendu un jour exprimer une idée que je reproduis ici pour tenter, s'il y a moyen, de l'aider à faire son chemin. On disait que l'administration devrait édicter un réglement de police interdisant aux voitures attelées de séjourner devant les habitations au-delà d'un temps limité, à moins que ce soit pour être chargées ou pour être débarrassées de leur fardeau.

L'état de choses contre lequel je proteste, en passant, soulève souvent l'indignation publique. Il y a quelques années, je fus témoin du fait suivant. Des passants ayant remarqué l'abandon inhospitalier et démesurément prolongé infligé de la sorte à un pauvre cheval décharné, imaginèrent de donner : à son indigne possesseur une leçon méritée, au public une représentation extraordinaire. Une table fut apportée et placée devant le cheval; sur cette table figuraient une bouteille, un verre à boire et un numéro d'un journal politique ouvert à deux battants et placé sous les yeux du lecteur improvisé dont le *moindre grain d'avoine eût mieux fait l'affaire*. Il y a des feuilles que les chevaux acceptent volontiers, mais ce ne sont pas les feuilles imprimées.

Hélas ! combien de malheureux chevaux lisent la gazette, même à l'écurie. Combien de poulains, malgré leur jeune âge, malgré la délicatesse de leurs organes, subissent le même sort. Je ne sais quel philosophe a dit : « dès que l'animal est né, il souffre. » Plus mal partagé encore, dans nos campagnes, le poulain souffre même avant de voir le jour. Sa mère, forcée de supporter, avec une nourriture insuffisante, le double fardeau du travail des champs et de la gestation, ne lui transmet qu'un sang appauvri, incapable de faire convenablement les frais de la vie intra-utérine.

Dans le Luxembourg, on ne rencontre généralement que des

chevaux bien nourris, des poulinières en bon état et des poulains vigoureux. Ne nous bornons pas à emprunter à nos voisins de bons étalons, de belles juments comme celle que M. Reiter, de Gawisse, a achetée au dernier concours : accaparons encore leur méthode d'élevage, laquelle consiste principalement à garnir le râtelier d'une nourriture substantielle et abondante. Ce sera toujours la première condition d'amélioration de la race chevaline et, en général, de toutes les espèces animales.

IV

ESPÈCE BOVINE.

Nous venons de voir que l'arrondissement de Thionville est engagé dans la voie des croisements, en ce qui concerne la race chevaline. Pour l'espèce bovine, l'expérimentation se poursuit sur une échelle peut-être plus large encore.

L'introduction des reproducteurs durhams dans notre pays est due en partie aux efforts persévérants d'un membre influent du Comice qui, très-grand amateur de la belle race durham et persuadé qu'elle peut rendre de grands services dans notre pays, n'a rien négligé pour la faire prendre en goût par nos cultivateurs.

Toutefois, parmi les sujets que le Comice a acquis dans les écuries de MM. Pousard, de Benoist, etc., il s'en est trouvé un certain nombre qui n'ont pas eu la bonne fortune de captiver plusieurs membres de notre Société agricole parmi lesquels je me trouve. Il nous a semblé que cette race de Durham, dont nous sommes habitués à entendre vanter la précocité, se montre, dans nos écuries, généralement tardive. Ensuite, les vaches croisées durhams qu'on a obtenues nous paraissent, en majorité, insuffisamment pourvues de la qualité laitière.

A ce double point de vue, des plaintes se sont élevées de différents côtés et le découragement s'est emparé de certains esprits. Cependant, l'opinion publique s'est divisée, comme de coutume, en deux camps : d'un côté se sont rangés les partisans de la race durham, ou plutôt ceux qui ont foi dans sa vertu regénératrice ; d'autre part, il s'est formé un parti des agronomes qui placent leur confiance dans la sélection et qui redoutent de voir enlever, par des croisements, les caractères distinctifs de l'espèce bovine du pays : la rusticité et la faculté laitière.

Parmi ces derniers, MM. V. Rehm, Béva, Nels et Schneider ont communiqué au Comice, en 1863, un rapport dont le but final était : 1° de limiter la propagation de la race durham aux bonnes exploitations de l'arrondissement; 2° de faire distribuer en primes par le Comice, non des taurillons durhams exclusivement, mais des animaux de choix empruntés à différentes races, sans en excepter celle du pays. Les auteurs de ce rapport n'ont pas voulu le publier dans la presse locale, pour ne pas donner trop de retentissement à une controverse utile, assurément, mais portant sur un objet qui était en expérience.

Néanmoins, une enquête fut faite, à ce sujet, par les soins du Comice. En voici les résultats.

M. d'Aspremont écrit dans une brochure que la race durham transmet à toutes les espèces bovines possibles sa faculté d'engraissement, sans altérer en rien les facultés spéciales de ces espèces. D'après des chiffres fournis par M. d'Aspremont, la vache durham-hollandaise serait plus laitière que la vache hollandaise pure.

M. de Falloux, dans une brochure *ad hoc*, paye un tribut de reconnaissance aux durhams. Une vache de cette race a été pour lui la poule aux œufs d'or. Dans l'espace de 13 ans, elle lui a rapporté 27,000 francs, par la vente de ses produits et les primes remportées par eux aux concours.

M. Villeroy, consulté au nom du Comice de Thionville, écrit ceci : « les bêtes durhams seront mal nourries chez vous; la faculté d'engraissement et l'aptitude laitière disparaîtront à la fois, *et vous aurez des produits inférieurs à ceux du pays.* »

M. Marchand, de Fécamp, a fait soixante expériences sur des animaux du même âge, nourris de la même manière. Ses expériences ont démontré que les vaches durhams-normandes donnent annuellement 320 litres de lait en moins que les vaches normandes pures; que, quant au rendement en beurre et en caséum, l'avantage reste encore à la vache normande.

Des informations ont été prises par M. le Président du Comice auprès des cultivateurs de l'arrondissement qui possèdent des bêtes durhams pures ou croisées. Les communications que l'on a reçues sont très-variées : les uns trouvent que les durhams s'entretiennent *aussi* facilement que les bêtes du pays; d'autres *plus* facilement; d'autres encore, *moins* aisément. Ceux-ci disent que la race durham est *moins* laitière que celle du pays; ceux-là prétendent qu'elle est *aussi* laitière; aucun ne la déclare plus laitière.

Nous avons attaché beaucoup d'importance à ce dernier fait. En effet, l'enquête dont je viens de consigner ici les résultats a été faite officiellement. Or, il est permis de dire, sans l'ombre d'une malice, qu'elle a dû embarrasser certains cultivateurs dont on sollicitait, par voie officielle, des renseignements, tandis qu'ils connaissaient les prédilections officielles pour la race de Durham.

Aussi estimons-nous très-loyale la conduite des cultivateurs qui ont répondu : « la race durham est *moins* laitière que notre espèce bovine. » De plus, nous admirons leur franchise, à tous, en voyant que pas un n'a dit : « la race durham est *plus* laitière que celle du pays. »

Un jour que Louis XIV jouait au tric-trac, il se produisit un coup douteux. Silence complet dans la galerie. A ce moment entre le duc de Grammont.

— Jugez-nous, dit le roi.

Sire, vous avez perdu.

— Comment pouvez-vous décider avant de savoir ce dont il s'agit,

— Eh ! Sire, ne voyez-vous pas que, pour peu que la chose eût été seulement douteuse, tous ces messieurs vous auraient donné gain de cause.

Voilà donc une enquête terminée. Dépouillons le scrutin.

1° Pour la faculté d'engraissement nous trouvons les mentions *moins, autant, plus,* soit en chiffres : 2, 4, 6. Moyenne = 4. C'est-à-dire que, aux yeux des cultivateurs consultés, la race de Durham est d'un entretien égal à celui des bêtes du pays.

2° Pour la faculté laitière, nous obtenons les notes suivantes : *moins* et *autant ;* en chiffres : 2 et 4, dont la moyenne est 3. C'est-à-dire que ce chiffre 3, représentatif de la faculté laitière des durhams, est inférieur à celui de la race du pays, qui est 4.

Ainsi, l'enquête a établi officiellement la vérité d'une assertion que nous trouvions et que nous trouvons encore dans la bouche de la plupart de nos cultivateurs, à savoir, que l'espèce bovine du pays, croisée avec la race durham, perd généralement de sa faculté laitière.

Cependant, on peut lire ces lignes dans le discours prononcé par M. Lembezat, inspecteur général d'agriculture, au concours régional de Metz, en 1868 : « il n'est pas un cultivateur sérieux qui, ayant une étable d'une certaine importance, peuplée de vaches durhams ou croisées, n'arrive à affirmer que la production moyenne du lait ne soit égale, sinon supérieure, à celle des races locales entretenues dans les mêmes conditions. »

M. l'inspecteur a sans doute de bonnes raisons pour tenir ce langage. Cependant, quelque confiance que nous inspire son expérience personnelle, nous ne pouvons, nous, juger la question que d'après les faits qui se passent sous nos yeux, dans notre pays, d'autant plus que ceux qu'on a pu observer ailleurs ne prouvent rien pour notre contrée. En tout cas, il n'est pas probable que M. Lembezat conserverait sa robuste confiance dans la vertu laitière des vaches durhams, s'il avait le loisir de visiter toutes les écuries de notre arrondissement où l'on élève des bêtes de cette race.

Assurément, il n'est pas impossible de rencontrer, même chez nous, quelques vaches durhams qui jouissent d'une faculté laitière assez prononcée : la plus mauvaise race laitière peut, sous ce rapport, offrir des exceptions. Il n'y a de règle absolue dans aucune matière. Mais il y a un fait général que nous croyons pouvoir affirmer et prouver par de très-nombreux exemples, c'est que l'infusion du sang durham dans notre espèce bovine diminue généralement sa qualité laitière. Parmi les bêtes issues de ces croisements, il y en a beaucoup qui ne donnent pas assez de lait pour nourrir leur veau. Au concours de Cattenom, on en a primé une ou deux, de la même écurie, qui sont dans ce cas.

Quant aux vaches durhams pures, suitées, que nous avons vues au concours régional de Metz, il y en avait qui n'avaient point de mamelles. Cela revient à dire qu'il fallait beaucoup d'attention pour remarquer les organes rudimentaires qu'elles portaient. A l'aspect de ces mères sur lesquelles nous avions peine à reconnaître l'enseigne de la lactation, nous cherchions à découvrir, M. Nels et moi, où se nourrissaient leurs veaux, lorsque nous vîmes apporter les seaux de lait destinés à résoudre le problème. C'est ainsi que Diogène, en présence d'une piscine qui ne renfermait plus que de l'eau bourbeuse, demandait : « Ceux qui se lavent ici, où se lavent-ils ? »

Il y a deux mois, une fermière nous signalait, au Président du Comice et à moi, la différence remarquable qui existe entre une vache du pays et deux vaches croisées durhams qui étaient à côté de celle-ci, dans la même écurie, attachées à la même auge, soumises au même régime. La vache du pays, disait la fermière, redonne beaucoup de lait toutes les fois qu'on lui rend une nourriture plus substantielle ; quant aux durhams, une fois qu'elles déclinent, sous le rapport de la production laitière, il n'y a plus moyen de les relever.

L'affaiblissement de l'aptitude laitière, chez les vaches croisées durhams, a pour conséquence d'augmenter la faculté d'engraissement. Il en résulte qu'on nous montre quelquefois avec orgueil des durhams qui se conservent en assez bon état d'embonpoint, au milieu des bêtes du pays plus ou moins amaigries. C'est ainsi que l'on peut remarquer, dans les écuries de chevaux, les formes arrondies de ceux qui ne travaillent pas, en contraste avec les lignes anguleuses de ceux qui ont des fatigues journalières à supporter. Il faudrait fouler aux pieds toutes les lois physiologiques, en faveur des durhams, pour leur concéder la faculté de faire plus de graisse que les autres bêtes bovines et, à la fois, de donner plus de lait, ainsi que M. l'inspecteur d'agriculture entreprend de nous le persuader.

En citant les faits précédents, auxquels je pourrais ajouter de nombreux exemples, je n'ai pas le moindre désir de discréditer la race durham, pour la faire rejeter par nos cultivateurs. Non; mais il faut mettre chaque chose à sa place : autant il est bon de préconiser les durhams pour les exploitations où l'on est intéressé, avant tout, à produire de la viande, autant nous devons mettre de soin à en détourner les propriétaires auxquels la production du lait importe par dessus tout. C'est pourquoi, toutes les fois que je vois prôner la race durham comme une panacée universelle, c'est plus fort que ma volonté de rester impassible, la conscience m'emporte et me jette dans la discussion. Il y a des circonstances où il faut que les personnes assez sages pour ne pas céder aux séductions de la nouveauté répandent quelques gouttes d'eau froide sur des prédilections enthousiastes. La chose en vaut ici la peine, puisqu'il s'agit d'éviter aux cultivateurs crédules des mécomptes onéreux.

Oui, c'est vrai, disons-le bien haut, une fois de plus, pour qu'on ne nous accuse pas de dénigrer systématiquement la race durham : oui, cette race s'engraisse avec une facilité remarquable; le caractère distinctif des bêtes durhams est de se tenir toujours en meilleur état que les autres bêtes bovines; mais cette faculté toute spéciale s'exerce au détriment de la production du lait. La race durham convient peut-être mieux qu'aucune autre aux exploitations éloignées des villes, peuplées d'un nombreux bétail et dans lesquelles la production de la viande peut offrir plus d'avantages que celle du lait.

A ce point de vue, quoi de plus raisonnable que le langage d'un éleveur émérite de notre arrondissement : « je ne tiens pas essentiellement à la production du lait. Je suis surtout intéressé à posséder des bêtes qui soient constamment en bonne chair, propres à être avantageusement livrées au commerce de la boucherie, du jour au lendemain, si les circonstances le demandent. »

On ne saurait trouver moins logique le raisonnement de M. Nels : « à proximité de la ville, j'ai le plus grand intérêt à vendre du lait. Il me faut des vaches très-laitières. Elles me donneront beaucoup de lait qui sera, jour par jour, converti en argent. Les vaches laitières de la Hollande et du pays sont celles qui me conviennent le mieux. »

Quant au petit propriétaire, quelle bonne raison peuvent lui opposer les partisans à outrance de la race durham, lorsqu'il parle ainsi : « l'aptitude laitière d'une vache me préoccupe beaucoup plus que sa faculté d'engraissement. Je ne vendrai ma vache qu'une seule fois : si je la vends après le vêlage, j'en aurai un beau prix ; si je la livre à la boucherie après qu'elle m'aura donné du lait en abondance pendant 6, 8, 10 ans et plus, avouez que je n'ai pas à prendre grand souci de la faculté d'engraissement. — Il me faut une vache d'un tempérament rustique, capable, au besoin, de trouver sa nourriture sur les accotements des routes; une vache qui supporte les mauvais jours sans tarir et dont la sécrétion laitière se ranime dès que le printemps ramène la pâture. »

Notre espèce bovine est certainement bonne. Il ne faut pas se donner beaucoup de peine pour trouver, dans tous nos villages, un certain nombre de belles et bonnes bêtes parfaitement acclimatées. Nous avons sous la main des sujets convenables et il n'est pas nécessaire de faire revenir à grands frais des taureaux étrangers pour regénérer notre race bovine. Laissons les sujets défectueux s'éteindre; ne livrons à la reproduction que les belles bêtes, nourrissons-les comme elles le méritent, et en peu d'années les vaches de notre contrée jouiront d'une excellente réputation. Dans les bonnes écuries, il n'y a pas de mauvaises bêtes; dans les mauvaises écuries, l'espèce du pays est encore la meilleure de toutes, la plus capable de résister à la misère. Les vaches des pauvres gens ne ressemblent en rien à celles des propriétaires aisés et soigneux. Tel régime, tel bétail.

Nos vaches ont été produites par notre sol et, réciproquement, notre sol les a créées pour lui. Le bétail étranger et surtout le bétail perfectionné, obtenu par des soins artistiques, ne rencontre pas ici les conditions de bien-être qui ont présidé à sa formation. Il court le risque de dégénérer et, comme dit M. Villeroy, de devenir inférieur au bétail du pays. La race durham que nous importons chez nous ressemble, disait un de nos collègues du Comice, à une boule que l'on veut maintenir au sommet d'un double plan incliné : il faut la soutenir énergiquement et la soutenir toujours; si l'on cesse un instant de lui prêter le point d'appui indispensable, elle tombe.

Il n'est même pas certain, en ce qui regarde notre contrée, que les soins les plus minutieux suffiront pour conserver à la race durham, à la race suisse, etc. le cachet qui distingue chacune d'elles. Voici un fait qui semble capable de susciter des doutes à cet égard. Il y a environ 30 ans, M. Dorr, de Château-Rouge (canton de Bouzonville) acheta, dans les montagnes de la Suisse, un magnifique troupeau. Il le fit ramener sous la conduite d'un marcaire suisse qu'il prit à son service et auquel il donna pleins pouvoirs pour nourrir ce troupeau à la méthode suisse, sans apporter à celle-ci le plus léger changement.

Le marcaire devait, dans les calculs de son propriétaire, aboutir à faire du vrai fromage suisse. Mais qu'arriva-t-il? Il arriva que le marcaire, avec toute sa science et son habileté, ne put faire que du fromage de Château-Rouge.

Un voisin de M. Dorr, lui dit à ce sujet :

— « Il ne vous manque plus qu'une chose, pour faire du fromage suisse. »

— « Laquelle ? »

— « Le fourrage des montagnes de la Suisse. »

En effet, la race bovine, comme l'espèce chevaline et comme toutes les races, d'ailleurs, tire ses caractères du sol qui la fait vivre. Il en est ainsi de toutes les productions de la nature. Avec les croisements, on marche toujours quelque peu au hasard. On a échoué avec les chevaux percherons : nous croyons qu'on échouera avec la plupart des croisements, parce-que chaque pays, chaque climat jouit d'une influence spéciale dont ses produits portent l'empreinte. Le vin des marnes irisées de Klang possède un bouquet que l'on ne retrouve jamais dans les crûs des terrains du lias, tels que Hettange, Guentrange, Beuvange. Les mirabelles de Metz sont incomparables, les groseilles de Bar-le-Duc ont une renommée particulière et les asperges d'Ulm méritent, dit-on, une faveur toute spéciale.

Nous craignons — je dis nous, parce que j'ai la conviction que je parle au nom de l'immense majorité des cultivateurs de notre arrondissement — nous craignons que ni notre climat ni notre sol ne conviennent à la race durham, quand nous voyons la plupart de ses produits petits et tardifs, comparativement même à l'espèce bovine du pays. Les taurillons durhams ou croisés-durhams qu'on élève dans notre pays deviennent généralement, il faut le reconnaitre, de belles et fortes bêtes ; mais leur développement est trop lent ; ils mettent trois ans pour atteindre le volume qu'obtiennent nos taureaux communs à l'âge de deux ans.

On nous montre quelquefois, d'un air vainqueur, un de ces taureaux irréprochables au point de vue du dessin obtenus à force d'avoine, de farine et d'aliments coûteux et l'on nous dit : « voyons ! n'est-ce pas beau ? »

Eh ! oui, c'est magnifique ! Mais il faudrait pouvoir ajouter : — et pas trop cher. En opérations agricoles, l'argent seul doit-être la morale de l'histoire. Et si, pour faire un joli taureau durham, il faut convertir ses écus de cinq francs en pièces de cinquante sous, arrière le métier !

Je me contente d'indiquer, en passant, qu'un des taureaux durhams donnés par le Comice a refusé la monte. Je rappelle pour mémoire que les vaches durhams, chez nous, se montrent moins fécondes et plus prédisposées à l'avortement que l'espèce du pays. Enfin, je signale purement et simplement, comme document historique, un fait qui se passe dans une écurie de l'arrondissement, à savoir, que la phthisie attaque en ce moment les bêtes qui ont du sang de durham, tandis qu'elle respecte la race suisse et l'espèce du pays. J'ai vu à Cessingen, dans le Luxembourg, une écurie où le même fait s'est produit : les vaches durhams-hollandaises sont devenues phthisiques, pendant que les hollandaises restaient bien portantes. Je n'insiste pas sur ces faits.

Au dernier concours, le Comice s'est signalé par une mesure libérale qui honore son esprit d'impartialité. Il a établi des prix pour les espèces animales du pays. Les cultivateurs ont pu reconnaître avec plaisir que l'anglomanie n'est pas érigée en système, dans notre arrondissement. Ils se sentent excités désormais à produire, au champ du concours, tous les beaux sujets obtenus par sélection. Il n'est pas équitable, en effet, de récompenser exclusivement les riches propriétaires qui, seuls, ont les moyens d'acquérir des bêtes étrangères à des prix de fantaisie très-supérieurs à la valeur vénale. Il est juste de récompenser le mérite du petit propriétaire qui trouve moyen de faire beaucoup avec peu de chose, en choisissant judicieusement les plus beaux sujets du pays dont il améliore les produits par un régime approprié.

Tel est l'état actuel de notre bétail : nous avons, en majeure partie, des bêtes du pays quelquefois croisées avec la race du Glane, sur la Nied, çà et là imprégnées de sang durham ou de sang hollandais. De plus, quelques propriétaires ont des bêtes suisses.

Une chose m'étonne, c'est que nous ne soyons pas frappés de ce qui se passe chez nos voisins du Luxembourg et entraînés déjà par leur exemple.

Posons-nous sérieusement la question de savoir si, notre arrondissement offrant des conditions climatériques et géologiques au moins aussi favorables que celles de la partie sud du Grand-Duché, nous ne devrions pas faire notre profit de l'expérience qu'on y a acquise en matière de bétail. Si nous voulons changer notre race bovine, il faut, du moins, la remplacer par quelque chose de plus avantageux. Or, les Luxembourgeois ont fait des essais de la race durham et il n'en reste presque plus de traces.

En 1845 et en 1848, ils ont envoyé en Angleterre des commissions composées de MM. Tudor, Faber, Perrin, Richard, etc. Ces messieurs ont ramené une trentaine de bêtes durhams pures prises à la source. La même expérience a été répétée en 1854 et en 1858, ce qui prouve que nos voisins n'ont pas manqué de persévérance. En voici les résultats que j'ai puisés à une source officielle et que je reproduis littéralement : « chez les propriétaires très-riches, les bêtes durhams se sont conservées intactes un certain temps; chez M. de Blockhausen, à Birtrange, il y en a encore quelques unes. Mais dans toutes les écuries où l'on n'a pu leur fournir une nourriture exceptionnelle, les vaches durhams se sont rapidement abâtardies au point de devenir inférieures à celles du pays. En un mot, il y a eu un désenchantement complet à la suite duquel on s'est porté vers la race hollandaise qui a réussi au-delà de toute attente. »

Les Luxembourgeois ont donc adopté la race hollandaise, si éminemment laitière. « Nos éleveurs, dit M. Fischer, préfèrent de beaucoup le bétail de la race hollandaise. Il paraît appelé à améliorer, à regénérer nos races, sinon à se substituer entièrement à elles, dans un avenir plus ou moins rapproché. » Le même auteur ajoute : « le but le plus général dans l'élève des bêtes à cornes, dans tout le pays, c'est la production du lait. La production de la viande ne vient qu'en seconde ligne. » Ailleurs encore il dit : « c'est pour avoir un bétail plus pondéreux et donnant plus de lait, que nos éleveurs importent du bétail hollandais. » Le paysan luxembourgeois, comme celui de la Moselle, base sa nourriture sur les produits de la laiterie.

C'est en 1860 que l'agronome luxembourgeois que je viens de citer écrivait ces lignes. Depuis cette époque, la question qu'il traite a fait du chemin. On a donné la préférence à la race hollandaise de moyenne taille, venant de la Zélande. On a observé que la grande race rend trop peu de viande eu égard à sa taille. L'espèce bovine si judicieusement choisie a tellement bien réussi, dans le Grand-Duché, que nous la voyons tous les ans, au concours du Cercle agricole, représentée par environ 150 têtes d'élite. On remarque là une cinquantaine de taureaux à robe noire et blanche, du plus pur modèle. Eh bien, cette race hollandaise dont le type s'est conservé si net, dans le Luxembourg, n'est-elle pas prédestinée à un égal succès, si nous la transportons chez nous, à quelques lieues de la contrée où elle prospère au point de se conserver intacte ? Le climat est même plus doux dans notre pays, le sol y est plus fertile, en général, que dans le Grand-Duché et les ressources fourragères pourraient être équivalentes.

Si nous voulons, à l'instar des Luxembourgeois, introduire une race plus pesante, il faut, toujours à leur exemple, la choisir telle, qu'elle puisse augmenter les qualités laitières de nos bêtes, parce que chez nous, comme dans le Grand-Duché, cette qualité est la plus importante, sauf dans des cas exceptionnels. A cet égard, aucune espèce ne nous convient mieux que celle qui a obtenu les suffrages de nos voisins et qui a répondu pleinement à leur attente. Ne soyons pas plus fiers qu'il ne convient : reconnaissons que les Luxembourgeois sont nos maîtres en agriculture; ils ont fini d'expérimenter, leurs idées sont parfaitement fixées, tandis que nous — il serait puéril de le nier —, nous sommes encore à l'école.

V

RACES OVINE, PORCINE ET GALLINE.

Le Comice de Thionville a distribué en primes, depuis un certain nombre d'années, bon nombre de moutons et de porcs de race anglaise. Il en est résulté des croisements qui ont donné des sujets de mérite dont quelques uns ont été primés aux concours régionaux.

D'un autre côté, notre arrondissement achète fréquemment des troupeaux entiers de moutons ardennais, dans la partie Nord du Grand-Duché. De plus, les marchands de porcs de notre pays se rendent souvent dans le Luxembourg pour y acquérir de fortes quantités de porcelets de race commune. Ces derniers sont l'objet d'un grand commerce et de bénéfices très-importants pour les cultivateurs luxembourgeois.

En 1829, dans ce dernier pays, on a essayé les races exotiques de moutons, avant que nous ayons nous-mêmes tenté d'en faire l'expérience. « On a abandonné ces croisements, dit M. Fischer, parce qu'on a trouvé qu'ils avaient pour effet d'améliorer la toison aux dépens de la chair et de créer ainsi des animaux métis très-délicats, trop sensibles aux influences atmosphériques et surtout beaucoup plus difficiles à engraisser que les moutons de pure race ardennaise. » La cachexie aqueuse les décimait.

A la suite de ces essais infructueux, la partie Sud du Grand-Duché a recommencé à faire ce que font encore aujourd'hui nos cultivateurs, c'est-à-dire à prendre des élèves dans la partie Nord du pays et à les engraisser pour les livrer à la boucherie. Il paraît que cette nature d'opération est très-lucrative : je connais un propriétaire du canton de Metzerwisse qui a fait acquisition de 100 moutons ardennais, au mois de septembre dernier, et qui les a vendus à un boucher de Paris, à la fin d'octobre, avec un bénéfice important. Ces animaux se sont engraissés rapidement avec la seule aide de la pâture.

J'ai cherché à me renseigner sur l'effet de l'acclimatation des moutons de race dans notre pays. On m'a affirmé qu'au bout de quelques générations la toison redevient rude, au fur et à mesure que les animaux eux-mêmes deviennent plus rustiques. Il en résulterait que notre contrée est apte à produire des moutons bien pourvus de chair et munis d'une laine grossière, la seule, dit-on, qui convient pour certains usages comme, par exemple, la fabrication des flanelles.

La race porcine du Luxembourg ressemble à la nôtre : elle est caractérisée par une forte charpente osseuse, de hautes jambes et un corps allongé. Là-bas, comme ici, « les porcs de race perfectionnée, dit encore M. Fischer, ne supportent pas le régime auquel on soumet les troupeaux communaux, qui doivent chercher dans toute saison la plus grande partie de leur nourriture dans les champs. » Ajoutons qu'on a remarqué, en général, que l'espèce commune est beaucoup plus prolifique que les porcs anglais. De plus, ceux-ci donnent un lard moins dense, une chair moins savoureuse. Ce lard fond dans la marmite : il en résulte que les légumes sont excellents, mais le campagnard tient absolument à trouver au fond du pot une tranche de porc raisonnablement entrelardée qui forme le complément accoutumé de son repas.

Voilà les inconvénients de la race anglaise. Il fallait en dresser la liste. En revanche, recherchons quels sont les avantages qu'elle présente ; voyons quand et à quelles conditions il sera possible à notre agriculture d'utiliser ces mêmes avantages.

J'ai appris à Luxembourg que les porcs anglais ont parfaitement réussi dans le Grand-Duché, contrairement aux bêtes bovines qu'on avait importées d'Angleterre. On a trouvé que le porc anglais est plus facile à engraisser que le porc du pays. Je crois, du reste, que les cultivateurs de notre arrondissement ont fait exactement la même remarque. Il serait donc bien établi que, pour un système d'élevage par la stabulation permanente, la préférence devrait être donnée aux porcs de race anglaise.

Il paraît que, dans le Grand-Duché, les petites races ont échoué. L'avantage est resté aux grandes races plus aptes à suivre le troupeau communal, telles que les races de Berckshyre, d'Yorckshyre, dé Shorhpshyre. En outre, on a remarqué que les porcs communs, à l'âge de quatre semaines, sont plus gros, plus rustiques, plus précoces, doués d'une plus grande valeur marchande que les races perfectionnées. C'est surtout vrai pour la race à oreilles pendantes, la plus répandue.

Ce qui précède explique pourquoi les Luxembourgeois ont généralement renoncé aux porcs d'origine anglaise. Si l'on croit M. Fischer, ce serait uniquement pour nous plaire.

« L'éleveur luxembourgeois, dit-il, sait très-bien que pour les Français il faut des porcs exercés à la course. » Il faut passer cette boutade à notre aimable collègue, avec d'autant plus de raison qu'il donne, quelques lignes plus loin, une raison plausible de la prédilection dont les porcs communs sont l'objet, aussi bien de la part des cultivateurs luxembourgeois qu'en ce qui concerne les propriétaires de notre pays. Voici comment il s'exprime

« Les jeunes porcs, après le sevrage, sont réunis au troupeau commun; il est clair qu'alors ils doivent être légers de corps et forts des jambes pour suivre les porcs adultes dans les champs labourés. Ces troupeaux communaux devront nécessairement disparaître un jour avec les progrès de l'agriculture intensive et ce sera seulement alors que notre race de porcs sera susceptible d'être convenablement améliorée. »

Donc, les porcs anglais paraissent avoir de l'avenir dans nos contrées. Je suis heureux, pour ma part, de consigner cet espoir : je suis enchanté que ce V^{e} chapitre me permette d'échapper à une accusation d'anglophobie systématique. Le seul mobile de mes investigations est de contribuer pour une part, si modique qu'elle soit, à faire progresser sagement l'agriculture de mon pays. Je dois marcher tout droit dans cette voie, sans me laisser détourner de mon chemin par des considérations d'intérêt personnel. Je respecte parfaitement les opinions les plus opposées aux miennes et ce n'est pas montrer trop d'ambition que de demander la permission de dire en toute franchise ce que je pense. Débattons de sang froid la question capitale de l'introduction des races étrangères, sans montrer en aucune circonstance des signes d'irritation capables de faire passer la question tout-à-fait pour une question de bêtes.

Pendant quelque temps on a montré dans notre pays un engouement extraordinaire pour les poules cochinchinoises, russes, ainsi que pour les poules de Brahma-Poutra, de Crève-Cœur et de Houdan, sans compter les Négresses, les Bentams et *tutti quanti*. On a reconnu aujourd'hui unanimement que les volailles cochinchinoises et les Brahma-Poutras, si grandes, si volumineuses quand elles sont sur pattes, renferment relativement peu de chair. Les abattis emportent une bonne partie du poids de la bête; les os sont volumineux; les cuisses, morceau de second ordre, sont bien garnies ; la poitrine, morceau de choix, est anguleuse, garnie de muscles grêles. Au contraire, le Houdan et le Crève-Cœur ont la chair très-blanche, la poitrine arrondie. De plus, ils sont toujours en bon état, on les engraisse avec facilité, tandis que les Brahmas et consorts ne prennent jamais d'embonpoint et donnent, en tout cas, une chair dépourvue d'arôme, sinon d'un goût huileux. Enfin, Crève-Cœur et Houdans pondent plus ou moins pendant toute la bonne saison et couvent rarement. Au contraire, dès qu'une poule cochinchinoise a pondu 10 ou 12 œufs, elle s'empresse de couver, et ce manége dure à peu près toute l'année. Toutefois, disons impartialement que les poules de Cochinchine font d'excellents œufs très-substantiels; qu'elles pondent même pendant les froids et donnent naissance à des produits dont la chair restera tendre malgré les progrès de l'âge.

Quant aux poules de Padoue, hollandaises, dorkings, etc., ce sont des espèces de luxe spécialement destinées à charmer les loisirs des amateurs. Ces dernières variétés, moins encore que les cochinchinoises, sont capables de remplacer la poule vulgaire. Celle-ci a le défaut de produire de jeunes coqs dont la chair ne demeure tendre que la première année, il est vrai, mais elle sera toujours, parmi toutes les variétés de poules, la plus active, la plus féconde, la plus entreprenante, la plus ingénieuse à découvrir, à dérober — disons le mot — sur la voie publique ou dans les champs, la pitance que lui refuse la parcimonie de la ménagère.

VI

INSTRUMENTS D'AGRICULTURE.

Une chose me frappe tout particulièrement, lorsque j'observe le caractère du cultivateur luxembourgeois : je le trouve plus patient que nous, peut-être moins enthousiaste de la nouveauté, mais plus persévérant, à coup sûr, pour triompher des obstacles. Quand je vois la charrue sans avant-train si généralement répandue dans le Grand-Duché, il me semble qu'il devrait suffire d'en énumérer les avantages pour décider nos cultivateurs à en faire l'acquisition. Malheureusement, nos serviteurs rejettent énergiquement l'*araire* Dombasle, en raison des difficultés qu'offre son maniement et qu'ils ne se soucient pas d'affronter. Les maîtres eux-mêmes se laissent rebuter : j'en connais un qui était doué de la meilleure volonté ; il a acheté plusieurs variétés d'araire avec la ferme intention de les utiliser et, néanmoins, il a fini par les jeter sous le hangar.

Cependant, nos terres ne sont pas plus difficiles à cultiver que celles du pays de Luxembourg. Par conséquent, cette façon d'agir si différente vis-à-vis d'un instrument dont on chante partout les louanges doit tenir aux hommes, non aux choses. En effet, l'usage de la charrue sans avant-train exige de l'habileté et surtout une attention soutenue. Le laboureur qui tient les mancherons supporte une fatigue réelle. Quand la terre est sèche, quand le soc a de la peine à pénétrer dans le sol, dans la charrue ordinaire l'entrure est mécaniquement régularisée ; tandis que, avec l'araire, elle n'est maintenue uniforme qu'au prix de grands efforts et d'une dextérité consommée. Ce sont là de sérieuses difficultés à vaincre, il ne faut pas le nier. Eh bien, les cultivateurs luxembourgeois, les domestiques comme les maîtres, les affrontent et, on peut le dire à leur louange, les affrontent victorieusement.

Cependant, depuis quelques années nous voyons avec plaisir la charrue sans avant-train gagner du terrain dans notre pays et principalement dans le canton de Cattenom, aux environs de la frontière luxembourgeoise. Le progrès, on le voit, s'infiltre de proche en proche, mais les étapes qu'il parcourt sont minimes. Puissé-je les lui faire doubler par cet écrit spécialement destiné à vulgariser chez nous les méthodes agricoles du Luxembourg !

Déjà, les maréchaux-ferrants de Hettange-Grande, à cinq kilomètres de Thionville, fabriquent des araires très-bonnes, très-légères, au prix de 40 à 45 francs. Il y en a quelques unes qui ont franchi la Moselle : j'en ai vu dans la plaine de Guénange et, à Basse-Yutz, entre les mains de M. Humbert et de M. Schmit, que je range dans la catégorie des cultivateurs prudents, soucieux de faire de l'argent avec l'agriculture et non de l'agriculture avec l'argent.

L'araire et, en général, les instruments perfectionnés ont été introduits dans le Grand-Duché par des cultivateurs de la Belgique, de la Lorraine et de la Prusse qui ont été attirés dans ce pays par le loyer peu élevé des terres. Des fabriques d'instruments existent dans le pays même et donnent ainsi de grandes facilités aux cultivateurs, en même temps qu'elles servent la cause du progrès. Il y en a une aux usines du domaine privé royal de Berg. Cette usine confectionne les meilleurs instruments des pays étrangers, en les améliorant et les appropriant aux besoins de la culture du pays, d'après les observations des agriculteurs. Elle expédie des instruments dans les pays limitrophes et elle a donné la mesure de ses moyens aux Expositions universelles de Paris où elle a obtenu des médailles d'or. Du reste, elle livre ses instruments à des prix inférieurs à ceux de la Belgique, de la France et de l'Angleterre ; il en résulte qu'elle fait des exportations en Belgique même.

Les grands ateliers de construction, dans le Grand-Duché, souffrent de la concurrence des petites fabriques tenues par de petits artisans. Il existe peu de localités où l'on ne construise des charrues et toutes sortes d'engins aratoires plus ou moins perfectionnés suivant les besoins de chaque localité. C'est ainsi qu'à Bascharage on a remplacé la semelle de la charrue par une simple bande en fer battu qui coupe la terre et diminue le frottement. Ailleurs on a modifié le régulateur de l'araire Dombasle pour pouvoir plus commodément régler en largeur. Enfin, on a partout adopté le versoir en acier qui, vendu au poids, à la forge de Dillingen, permet de réaliser une économie, outre qu'il convient mieux que le versoir en fer, sujet à se rouiller.

En agriculture, toutes les améliorations s'enchaînent. Le cultivateur qui ne possède que la charrue et la herse, comme moyens propres à ameublir le sol, peut difficilement éviter la jachère d'été, dans les terres tenaces qu'il veut ameublir. A cet effet, trois et quatre labours sont nécessaires et il faut, entre deux labours, un intervalle de plusieurs semaines au moins, pour que la terre soit rassise et favorable à un nouveau labour. De sorte qu'avec le secours de la charrue seule, il faut plusieurs mois pour donner à la terre une préparation convenable pour le blé. Au contraire, avec l'usage des rouleaux en fer et du scarificateur, on ameublit à volonté, à la faveur de quelques jours secs, les terres les plus compactes. Les Luxembourgeois ont généralement adopté ces instruments précieux qui permettent l'abolition de la jachère complète et l'usage de demi jachères très-efficaces. Notons, en passant, qu'il n'est pas nécessaire d'être un riche propriétaire pour posséder le scarificateur, d'autant plus qu'on peut le remplacer par la houe à cheval, dans les petites exploitations.

A Luxembourg, le concours des charrues a été et reste supprimé. Pendant quelques années, le Comice de Thionville l'avait également proscrit à la suite d'une discussion qui paraît avoir démontré l'inutilité de ce concours, au moins dans les conditions où il avait lieu. Quelques charrues entraient en ligne : elles volaient plutôt qu'elles marchaient et, à la suite d'un *steeple-chase* grotesque, le jury était presque toujours embarrassé de trouver une différence de mérite entre des cultivateurs également exercés maniant des chevaux également rompus au métier. On a pensé qu'un pareil concours était incapable d'exercer aucune influence sur le progrès agricole.

A la dernière fête agricole, le concours des charrues a été rétabli. Je crois qu'on pourra le maintenir utilement, si le jury reçoit la mission de primer, avant tout, le mérite de l'instrument et, subsidiairement, l'habileté du laboureur. Si nous tenions uniquement à faire figurer des charrues au concours, dans l'intérêt de la parade, le moyen le plus simple et peut-être le plus économique consisterait à commander un certain nombre de charrues, moyennant indemnité. Le but que nous poursuivons est plus sérieux, n'est-il pas vrai ? Alors, primons de préférence les charrues perfectionnées, ou plutôt ne primons que celles-là et, à leur tête, l'araire, c'est-à-dire une charrue capable de diminuer le nombre des bêtes de travail au profit des bêtes de rente. Plus la résistance de nos serviteurs, à l'égard de l'araire, est opiniâtre, plus il faut que notre persévérance soit ferme. Ce qui se fait dans le Grand-Duché doit être possible dans l'arrondissement de Thionville.

Il est une charrue perfectionnée que nous avons primée avec plaisir, à l'avant-dernier concours de Cattenom : c'est celle qu'a fabriquée M. Perbal, d'Ennery, d'après les conseils et sous la direction de M. V. Rehm. La *charrue Perbal* est une ingénieuse combinaison de la charrue usuelle et de la charrue fouilleuse ; elle laboure et défonce en même temps. Un soc en forme de scarificateur suit le soc de la charrue et ameublit la terre dans le fond du sillon ; il peut d'ailleurs être détaché de la charrue, lorsqu'on veut rendre celle-ci aux usages ordinaires.

Cet excellent instrument a rallié en sa faveur l'opinion compétente de nos cultivateurs. Même quand la terre est desséchée, il la remue jusqu'à 25 et 30 centimètres de profondeur. Dans ces conditions, la charrue Perbal fait plus que labourer : elle pratique un véritable drainage qu'on peut renouveler tous les ans. Elle exige l'emploi de six chevaux et de deux conducteurs, tandis que la charrue ordinaire et la charrue fouilleuse, agissant séparément, demandent chacune quatre chevaux et deux domestiques. En résumé, la charrue Perbal procure un résultat identique avec une économie de deux hommes et de deux chevaux.

Cette nouvelle charrue est d'ailleurs facile à manier ; elle se maintient si aisément dans la raie, que le conducteur peut la diriger à l'aide d'une seule main. Elle s'est répandue en peu de temps dans la commune d'Ennery, où demeure le fabricant, et dans les communes environnantes.

Quelques uns de nos cultivateurs possèdent le *râteau Howard*. Je me suis trouvé, au moment de la fenaison, avec MM. Rehm, Nels et Gallois, chez M. Pelte, à Kaltweiler. Cet intelligent cultivateur était heureux de faire fonctionner sous nos yeux cette machine qui fait une besogne absolument irréprochable, supérieure peut-être à celle du râteau à main. Au milieu d'une foule d'instruments dits perfectionnés que la spéculation met en vente, en voilà un, du moins, qui résout victorieusement le problème. La faneuse est aussi une conquête définitive. Que ne pouvons-nous en dire autant de la faucheuse et de la moissonneuse ! En ce qui concerne ces derniers instruments, des essais ont été entrepris par plusieurs agriculteurs de notre arrondissement qui, si je ne me trompe, ont renoncé à se servir des instruments qu'ils avaient acquis à des prix assez élevés.

Dans le Grand-Duché on s'est également livré, depuis 1857, à des expériences sur les variétés de faucheuses et de moissonneuses. C'est l'école agricole d'Echternach qui a fait les premières expériences avec la moissonneuse de Dray, mise à la disposition de l'établissement par l'usine de Weilerbach. Antérieurement déjà, l'usine royale de Berg avait exposé une moissonneuse d'après le système Manny.

J'ai appris avec plaisir que la question si importante que je mentionne ici semble avoir fait, l'été dernier, un pas considérable vers une solution pratique. En effet, il paraît qu'au mois de juillet 1868, au concours de Berlin, on a trouvé les nouvelles moissonneuses plus susceptibles d'être utilisées, outre qu'elles sont descendues au prix très-abordable de 400 francs. Le Cercle agricole de Luxembourg veut introduire une de ces machines dans le Grand-Duché. Dans ce but, on a commencé à organiser une loterie destinée à l'acquisition de l'instrument. Celui-ci sera tiré au sort, au profit des souscripteurs.

Notre pays attendra avec impatience le résultat de cette expérience tentée par l'esprit d'initiative qui caractérise nos voisins à un degré si éminent. Espérons que nous aurons enfin à saluer le nom d'un constructeur qui, plus heureux que tous ceux qui ont déjà travaillé la matière, aura mis au jour un instrument capable de faire, sinon un travail irréprochable comme celui de la faulx maniée par un ouvrier habile, du moins un travail passable et, en tout cas, essentiellement rapide. Le moment semble approcher où nous n'aurons plus le choix : les bras, les machines vivantes nous faisant de plus en plus défaut, il faudra absolument utiliser les machines composées de bois et de fer, même imparfaites. Celles-là, du moins, seront dociles : elles ne nous feront pas supporter les inconvénients du chômage systématique et des salaires indéfiniment croissants.

Une ingénieuse modification au râteau à cheval de Howard, dont je viens de parler en termes si favorables, est due à M. Nouviaire, de Thionville. Notre concitoyen est l'auteur d'un râteau véritablement perfectionné qui a été médaillé au concours régional de Metz, en 1868. Le râteau à cheval *automatique* de M. Nouviaire n'exige qu'un seul homme pour conduire le cheval et manier l'instrument. Les andains sont faits, dit-on, avec plus de régularité encore qu'avec le râteau Howard. Pour les détacher, l'homme qui se tient à la tête du cheval presse simplement sur un levier. Le constructeur qui a traité avec M. Nouviaire pour l'exploitation de son brevet ne doute pas que dans quelques années ce râteau se substituera partout à celui de Howard, en raison des avantages fondamentaux qu'il possède : économie de main-d'œuvre et perfection du travail.

Je ne puis parler que pour mémoire d'un système de charriot également inventé par notre compatriote mais qui n'a pas encore été expérimenté. Ce véhicule, muni d'une ou de plusieurs cases mobiles, serait susceptible d'être instantanément déchargé, quelque considérable que fût la charge.

Le système des anciennes machines à battre recule de plus en plus, dans le Grand-Duché, devant l'introduction du manége Garret qui, bas et placé sur terre, en dehors des granges, nécessite moins d'emplacement et permet le mode de tirage direct, au moyen des traits.

Je n'aurais rien à ajouter à ce que je viens de dire sur les machines à battre le blé qui sont, chez nous comme chez nos voisins, entièrement passées dans le domaine de la pratique, si cette sorte de machine, si utile par elle-même, n'avait été perfectionnée et complétée. On a trouvé le moyen d'y adapter un van, puis un moulin à farine. Cependant, ce moulin est encore peu répandu dans les fermes ; un des premiers agriculteurs de notre pays m'assure qu'il y a renoncé, parce qu'il exige une trop grande dépense de tirage et donne un trop pauvre résultat. Je consigne impartialement, dans ces lignes, ce rapport défavorable. Cependant, en voici un qui est non moins authentique et que je transcris intégralement. Deux sacs de froment, du poids de 60 kilos, ont été pris le même jour sur le même tas. Le blé livré au moulin à mécanique a été réduit en farine en deux heures (ce qui, il faut l'avouer, semble un peu long). Ce blé a produit 50 kilos de farine et 10 kilos de son. Ces 50 kilos de farine ont fourni douze miches pesant chacune 6 kilos. Le pain était presque blanc, de très-bonne qualité et agréable au goût. Le blé confié au meunier n'a été rapporté que trois jours après la livraison. Il a rendu 40 kilos de farine et 6 kilos de son. La farine a donné dix miches d'un pain presque noir et d'une qualité très-médiocre.

Cette expérience prouve une chose que tout le monde connaît : c'est que l'industrie des meuniers est très-lucrative. Toutefois, pour s'en affranchir, il faudrait trouver un moulin très-expéditif, qui ne fatiguerait pas trop les chevaux et ne prendrait pas trop de temps aux attelages.

Le problème serait résolu, m'a-t-on dit à Luxembourg, par l'abbé Thirion, curé à Aeisch-en-Refail, près de Namur. Cet ecclésiastique a obtenu une médaille à Paris, au concours de 1867, et une autre à Metz (1861) pour un *moulin à vent* complet, du prix de 1,500 francs. Ce moulin aurait l'avantage de se régler de lui-même. L'inventeur répond de l'instrument, il garantit son action et se charge, à ses frais, des réparations. Ce moulin se place au sommet des habitations ou en tel lieu que l'on veut choisir. Il paraît qu'il y a, derrière cette invention, une très-belle idée; toutefois, l'instrument ne semble pas encore s'accomoder parfaitement aux exigences de la pratique.

Il est fâcheux que l'introduction des machines fabriquées dans le Grand-Duché soit onéreuse et entourée de formalités repoussantes. En 1856, j'ai acheté dans le Luxembourg une *houe à main*. Elle a été arrêtée à la frontière et a séjourné dans les bureaux de la douane. Il n'a pas suffi de payer des droits qui s'élevaient à la moitié de la valeur de l'instrument : j'ai dû me transporter au bureau des douanes, à Sierck, et là, il a fallu dessiner et peindre la machine, en indiquant les dimensions du fer et du bois diversement coloriées.

Je me suis approprié avec empressement cette houe à main que je voyais employée en grand chez M. Tudor. Depuis cette époque, je n'ai pas cessé d'en faire un usage très-avantageux, car elle permet d'économiser bien des coups de pioche et des journées de manœuvres. Si l'on n'avait à compter qu'avec les prétentions croissantes des travailleurs, il n'y aurait, c'est mon avis, que demi mal, parce que chacun peut espérer trouver dans son intelligence les moyens d'élever le produit en même temps que croît le salaire. Mais quand, à aucun prix, on ne trouve des bras pour sarcler sa récolte, il faut, de toute nécessité, accepter le concours des instruments.

C'est dans de telles circonstances que j'ai apprécié la houe à main. Celle-ci me paraît tout-à-fait propre à remplacer la houe à cheval, entre les mains du petit propriétaire qui n'a pas d'attelage, qui plante ordinairement ses betteraves, ses pommes de terre, etc., dans des portions communales, dans des lopins de terre cultivés à la bêche et dans lesquels un cheval ferait peut-être autant de dommage que de besogne.

La houe à main est mue sans fatigue par un homme. En raison de son poids, elle tend à rester en terre ; au moyen de l'articulation mobile qui unit le manche au corps de l'instrument, trois dents convenablement incurvées accomplissent, à la suite de chaque traction, un mouvement de rotation qui remue le sol sans permettre à l'instrument de s'en échapper, en fuyant la résistance. Le maniement de la houe est tellement aisé, qu'on néglige presque toujours d'employer une bandoulière portée en sautoir, pour ménager les bras. L'ouvrier marche à reculons, les bras tendus, et le seul poids de son corps suffit pour entraîner l'instrument. De la sorte, la terre ameublie n'est jamais piétinée, contrairement à ce qui arrive en faisant usage de la pioche et même de la houe à cheval.

Cette manœuvre, moins rapide que celle de la houe à cheval, n'exige pas le concours d'un animal quelquefois indocile ou inexpérimenté ; on obtient un ouvrage toujours plus net, plus complet, en ce sens qu'on peut raser les lignes sans risquer d'arracher les plants. Notons, en outre, que la houe à main parvient jusqu'à l'extrémité des lignes, qu'il n'y a pas de coin si courtaud, de polygone si irrégulier qu'elle ne parvienne à façonner complétement. Ajoutons qu'elle peut biner entre les lignes les plus rapprochées et même entre les plants, comme, par exemple, en betteraves repiquées ou en pommes de terre symétriquement plantées. En un mot, tandis que le travail de la houe à cheval a toujours besoin d'être complété par celui de la pioche, la houe à main est capable de suffire à une culture complète. Avec elle, une seule personne nettoiera à fond, dans un jour, 20 ares de terre. Cette rapidité d'exécution permet de pratiquer les façons en temps opportun, ce qui empèche de voir — chose assez commune — la moitié d'un champ florissante sous la bienfaisante influence d'un binage pratiqué à temps, en contraste avec l'autre portion qui languit dans une atrophique enfance, paralysée par les mauvaises herbes qui pullulent et prospèrent.

La houe à main dont je viens de faire ressortir les nombreux avantages et que tout le monde connaît, dans le pays de Luxembourg, n'y coûte qu'environ 10 francs. La modicité de son prix la met à la portée des bourses les plus exiguës.

On est sur le point d'essayer, dans le Luxembourg, le *semoir centrifuge* américain, pour semer les graines à la volée. Cet instrument coûte 40 francs. On le dit excellent. On emploie beaucoup, dans le même pays, la *charrue de Howard,* pour extraire les pommes de terre. Cette charrue, avec versoir ailé, en éventail, donne un ouvrage que l'on préfère à la méthode qui consiste à soulever les pommes de terre avec une araire ordinaire privée de son versoir.

Dans le Grand-Duché, les hache-paille sont aussi répandus que les machines à battre. Le trieur est également très-commun. Dix ou douze propriétaires s'associent pour acquérir cet instrument. Ils tirent au sort pour savoir dans quel ordre ils s'en serviront. Au second tour, le dernier sur la liste devient le premier et ainsi de suite. On ne peut qu'admirer un esprit d'association si fécond en bons résultats. Les trieurs les plus accrédités parmi les cultivateurs luxembourgeois sont le *trieur Blerot* et le *trieur Corroy* (des Vosges). Il paraît qu'ils réussissent très-bien.

On a abandonné, chez nos voisins, toutes les pompes à purin sans exception, pour revenir au système tout simple et primitif du seau suspendu à l'extrémité d'une perche à bascule. Lorsque la disposition du terrain le permet, on arrive avec les voitures au dessous de la citerne, de manière à vider le purin directement dans les tonneaux, au moyen d'un robinet.

La charrue sous-sol de *Read* est usitée dans le Luxembourg, mais elle n'y est pas encore répandue. Elle donne de bons résultats. On pratique souvent, dans le même pays, le déchaumage avec le *cultivateur de Coleman.* Cet instrument est ainsi nommé parce que, bien que destiné spécialement à scarifier et à extirper, il sert, au besoin, à cultiver, au moyen de pieds de rechange appropriés à cet effet. On s'en sert après la récolte du blé; son usage est très-généralisé dans les terres légères et principalement dans les sables du grès luxembourgeois.

VII

ENGRAIS.

Il est incontestable que les cultivateurs luxembourgeois sont beaucoup plus avancés que nous sous le rapport des moyens à employer pour augmenter le plus possible la masse et la qualité des engrais. Ils ont plus de fourrages et, par conséquent, plus d'engrais : telle est la base de leur supériorité.

Dans le Grand-Duché, on a adopté sur bien des points le système Decrombecque qui consiste à liter les animaux avec de la terre et un peu de paille. Dans les Ardennes, il est très-généralement employé, mais il est rare dans la partie Sud du pays. Chez nous, jusqu'à ce jour, M. Nels et M. Béva sont peut-être les seuls qui aient adopté cette méthode qui a valu à son inventeur une grande fortune.

Il y a beaucoup de cultivateurs ardennais qui ont l'habitude de transporter le fumier des vaches dans la bergerie, où il séjourne toute l'année ; au mois de septembre on le conduit dans les terres. On ne peut employer de la même manière le fumier de cheval : il est trop chaud, il prédispose les moutons aux maladies du pied.

Selon M. de Gasparin, la terre contient une énorme proportion d'azote à l'état latent. Il faut des réactions chimiques pour mettre cet azote en relief, c'est-à-dire pour le rendre libre et aussi facilement assimilable que les engrais usuels Or, précisément le mélange de la terre avec le fumier donne ce résultat précieux : en sorte que ce mélange n'a pas seulement pour effet de maintenir l'ammoniaque que le fumier tend incessamment à perdre par la décomposition, mais encore d'y ajouter une nouvelle quantité de matière azotée.

Par conséquent, la terre qui a été désagrégée et chimiquement modifiée, par suite de son incorporation à une masse d'engrais, a elle-même acquis les qualités d'un engrais. Lors donc qu'un cultivateur intelligent et instruit fait les frais nécessaires pour transporter des tombereaux de terre sous ses hangars, dans le but de les sécher et d'en obtenir de la litière, il fait une opération rationnelle, scientifique et, par dessus tout, lucrative : c'est-à-dire qu'il fabrique un excellent engrais qui ne coûte que le transport.

Il y a plusieurs villages luxembourgeois où, sans pratiquer à la lettre le système Decrombecque, on a l'habitude de mettre du sable sous les bêtes. Une coutume plus généralement répandue consiste à apporter de la terre, des feuilles mortes et différents détritus que l'on jette sur la place à fumier pour les mélanger à l'engrais d'étable et augmenter la somme des ressources fertilisantes.

Dans le Grand-Duché il y avait, en 1865, un millier de citernes à purin A cette époque, la Commission d'agriculture trouvait ce chiffre minime. Qu'eût-elle dit et que dirait-elle encore aujourd'hui, si elle parcourait l'arrondissement de Thionville ? Pourrait-on y montrer seulement une centaine de fosses à purin? Je ne l'affirmerais pas. Ce n'est pas que le Comice ait négligé aucune occasion pour recommander les citernes à purin ; mais il me semble bien évident que le meilleur moyen d'en répandre l'usage consisterait à les faire confectionner aux frais du Comice et à titre de récompense. Cette manière de rémunérer les lauréats en vaudrait une autre, aujourd'hui surtout que nos cultivateurs susceptibles d'être primés commencent à se déclarer saturés d'instruments agricoles perfectionnés et réclament des primes en argent.

Si nous parvenions, par ce moyen, à introduire une seule fosse à purin dans chaque village, l'exemple ne tarderait pas à porter ses fruits. On saurait, par les ouvriers qui ont confectionné la fosse, que la dépense n'est pas forte, et ces mêmes ouvriers, devenus experts, seraient volontiers appelés par les cultivateurs. En peu d'années, les plus petits propriétaires comprendraient qu'un simple trou pratiqué à côté du tas de fumier peut suffire à fertiliser les prairies de ceux qui disposent de moyens de transport pour l'engrais liquide, et les jardins de ceux qui seraient réduits à porter eux-mêmes le purin.

L'habitude de conserver soigneusement la portion liquide des engrais serait capable d'engendrer d'autres coutumes non moins fécondes. On utiliserait avec plus de sollicitude l'urine et les eaux ménagères, et l'on finirait peut-être par recueillir les excréments de l'homme, à titre d'engrais, comme dans tous les pays où la culture est très-avancée. A Esch, à Wormeldange et dans d'autres villages du Grand-Duché, il y a des cultivateurs qui ont disposé des fosses à purin de manière à recevoir le purin qui s'écoule du village entier. Il paraît qu'ils trouvent déjà des imitateurs. Il y a d'autres villages où on a volé du purin dans les citernes : c'est un accident regrettable, au point de vue de la morale; mais il prouve à quel point on estime, chez nos voisins, ce même purin qui, chez nous, s'en va à-vau-l'eau, sans que personne songe à lui barrer le passage.

En 1841 déjà, les habitants de Luxembourg exigeaient une rémunération des cultivateurs pour leur céder les matières des fosses d'aisance. Aujourd'hui, ces dernières sont curées, dans toute la ville, en vertu d'un règlement de police, et le produit de ce curage est vendu au profit de la caisse communale. En 1844, l'adjudication n'a pu atteindre que le prix de 211 fr. 44; aujourd'hui, elle arrive à environ 4,000 francs, et le cultivateur luxembourgeois achète aux entrepreneurs le mètre cube de vidange au prix énorme de 7 francs, à charge de vidanger lui-même.

Dans nos campagnes, les fosses d'aisance ont généralement peu de profondeur; la plupart du temps, elles consistent en un simple trou pratiqué en terre. Donc, rien de plus facile que d'y recueillir les matières fécales, à l'aide d'un réceptacle mobile que l'on peut désinfecter avec le plâtre en poudre. Ce système est d'ailleurs employé, mais il est peu répandu. S'il était universellement adopté, il procurerait une source considérable de fertilité, s'il est vrai, comme on l'admet généralement, qu'un kilo de déjections humaines peut faire produire un kilo de froment. En effet, un homme adulte rend, par an, en moyenne, 300 kilos environ de vidanges, représentant 300 kilos de froment.

Dans le Grand-Duché, les cendres de bois et la suie sont ordinairement recueillies à part pour les prairies humides et les sainfoins. Chez nous, on a généralement la mauvaise habitude de jeter sur le tas de fumier ces précieux amendements qui devraient être mis à part et réservés pour les prairies. Ces substances contiennent, sous un petit volume, une grande quantité de phosphates et d'alcalis capables de féconder une certaine étendue de pré et qui sont en partie perdus ou du moins rendus inutiles si on les accumule sur un petit espace. Verser le cendrier sur le tas de fumier est une opération aussi infructueuse que celle qui consisterait à décupler la ration d'une vache, dans une étable, dans le but d'engraisser toutes les bêtes de l'écurie.

Les tourteaux de colza ne sont généralement pas employés comme engrais ni par nos voisins ni par la culture de notre contrée. Nous voudrions voir nos campagnards comprendre qu'une substance capable de donner des bénéfices quand on l'emploie pour fumer les terres, ne peut manquer de fournir un résultat très-rémunérateur, si on l'affecte à la nourriture du bétail. Un pareil aliment devrait être prodigué, attendu que les portions qui échapperaient à la digestion des animaux ne manqueraient pas de donner au fumier d'étable une qualité supérieure. Le tourteau comme substance alimentaire serait, dans notre pays, d'un usage d'autant plus avantageux que, pendant une partie de l'année, les bêtes y sont nourries à la paille. Or, la paille est un aliment complet, mais insuffisant, en ce sens qu'elle renferme trop peu de cette matière azotée et de ces phosphates que les tourteaux de colza, de lin, de chènevis, etc., contiennent en excès.

Cependant, les tourteaux ne sauraient être employés en excès sans quelques inconvénients. Ainsi, les Luxembourgeois ont reconnu que l'usage excessif des tourteaux donne à la graisse une couleur jaune que les bouchers rejettent, et au lait une saveur désagréable. Du reste, ils ont fondé une grande quantité de distilleries (environ 2,000) dans lesquelles on distille des grains, des pommes de terre, des betteraves, des fruits, des marcs de raisins et qui rendent l'usage des tourteaux inutile. Ce sont des distilleries agricoles qui ne paient qu'un petit droit et qui ont spécialement en vue l'usage du bétail et l'engrais qui en découle. Dans ces sortes de distilleries on se préoccupe peu d'épuiser la matière saccharifère des substances pour produire le plus d'alcool possible : les distillateurs visent uniquement à obtenir le résidu pour tout bénéfice. C'est naturellement dans les années où le fourrage manque que l'on distille le plus. Il y a des cultivateurs luxembourgeois qui ont 50 à 60 hectares de terre sans prairies et auxquels, néanmoins, la distillation permet d'entretenir une tête de gros bétail par hectare.

Les engrais animaux sont peut-être un peu plus recherchés par les Luxembourgeois que par nos cultivateurs. Cependant, on paraît, de part et d'autre, ne pas apprécier à leur juste valeur ces engrais condensés. Une fabrique d'engrais animaux établie dans le Luxembourg, il y a une quinzaine d'années, n'a pas réussi : les produits ne donnaient pas des résultats proportionnés aux frais d'exploitation. Le guano, essayé sur une assez large échelle, a également échoué, parce qu'il ne donnait pas des résultats capables de couvrir la dépense et de laisser du bénéfice. Quelques cultivateurs en ont fait l'essai dans notre pays et le résultat paraît avoir été analogue. On peut en dire autant du phospho-guano. Ces différents engrais ont le double tort de coûter fort cher et d'être sujets à des sophistications.

Dans le Grand-Duché, on emploie pour 30 à 40,000 francs d'engrais commerciaux tous les ans. On a confiance dans la poudre d'os et le superphosphate qui sortent des usines de la *Rhenania,* lesquelles sont soumises au contrôle de la station chimique de Bonn. Du reste, on se tient en garde contre les commis voyageurs faisant l'article engrais et qui offrent, sous des noms empruntés, un engrais composé de chaux d'épuration de gaz avec de l'engrais humain et du noir de raffinerie.

Pour le moment, nous sommes en train d'expérimenter, dans toute l'étendue de l'arrondissement de Thionville, l'engrais de M. Georges Ville. Les premières expériences ont été faites sur la récolte de 1868. Partout l'engrais chimique s'est montré efficace. Pour que nos cultivateurs l'adoptent, il faudra qu'il donne des résultats sensiblement supérieurs à ceux du fumier ordinaire, attendu qu'il coûte beaucoup plus cher, à en juger, du moins, par les résultats que j'ai obtenus.

En effet, avec le fumier de cheval, on a obtenu un résultat à peu près équivalent, pour une dépense presque double d'engrais chimique. Cependant, il faut remarquer plusieurs choses dignes de considération. D'abord, je trouve en ville du fumier à très-bas prix; ensuite, les frais de transport sont peu élevés, quand il s'agit de conduire l'engrais à quelques kilomètres seulement. Bien des cultivateurs ne se trouvent pas dans des conditions aussi favorables. Donc je reconnais qu'il peut se rencontrer des circonstances où il y aurait de l'intérêt à acheter des engrais chimiques, malgré leur prix élevé, pour éviter les frais de transport, quand il s'agirait de grandes distances à franchir. Du reste, les essais qui ont été poursuivis cette année semblent démontrer que la plupart de nos terrains ne réclament point de potasse, pour le moment du moins; si une expérience prolongée démontrait définitivement la réalité de ce fait, le prix de l'engrais chimique pourrait descendre à moins de 200 fr. par hectare. Quoiqu'il en soit, les Luxembourgeois nous conseillent d'acheter les engrais chimiques à Stassfürth où ils coûtent infiniment moins cher que chez nous. Il y a longtemps qu'ils en font usage.

Nos cultivateurs sont généralement peu soucieux de mettre à profit les petites sources d'engrais. Si l'on saigne un cheval, si l'on tue une volaille ou un animal quelconque, l'opération se fait devant la porte ou sur le pavé de la cour. Les porcs sont égorgés et livrés aux flammes sur la route, au risque d'effrayer les chevaux des voyageurs. Les os sont jetés dans la rue et les chiffons de laine dans le feu. Quant aux animaux morts, on se donne la peine de les transporter plus ou moins loin, uniquement pour s'en débarrasser. On les abandonne à la voracité des animaux sauvages et à l'action dissolvante de l'air, on les voue à la gueule des carnassiers ou à la putréfaction, et l'on prépare peut-être le principe d'une horrible maladie, c'est-à-dire du charbon, qu'une mouche déposera sous l'épiderme du laboureur. C'est ainsi que des fautes commises en agriculture diminuent la fertilité générale et compromettent l'hygiène et la salubrité publiques.

Le Comice de Thionville a souvent recommandé l'emploi des os, dont l'action est si fertilisante que les Anglais vont les chercher dans toutes les parties du monde, après avoir exploité les champs de bataille et ramené dans leur île d'immenses cargaisons d'ossements d'hommes et d'animaux. Il serait si facile d'utiliser les cadavres d'animaux et de dissoudre mêmes leurs os, soit en les enfouissant dans le fumier, soit en les jetant dans la fosse à purin. J'ai moi-même, à cet égard, expérimenté l'action dissolvante et prompte du fumier de cheval : en quelques semaines, la chair se désorganise; au bout de quelques mois, les os courts sont attaqués, puis vient le tour des os plats et des os longs. Quant à l'action caustique du purin, elle a été constatée par M Fischer, et d'après ce qu'il en dit, elle me semble s'exercer moins rapidement que celle du fumier. Voici la manière dont s'exprime, à ce sujet, le consciencieux observateur luxembourgeois : « cette particularité n'a pas échappé à plusieurs de nos cultivateurs qui, reculant devant la difficulté de faire pulvériser les os pour servir à l'agriculture, savent très-bien les faire parvenir à fertiliser leurs terres en les dissolvant dans leurs citernes. Un cheval qui, au printemps, périt sur la voie publique, à côté de ma citerne à purin, y fut jeté en entier après qu'on lui eut enlevé la peau. A l'automne suivant, quand on vida le réservoir, on ne retrouva plus du cadavre que le corps des os longs, gros et cylindriques. Ces os, remis dans la citerne, n'y ont plus été retrouvés au printemps suivant.

Le fumier de ferme étant à peu près le seul qu'emploie la généralité de nos cultivateurs, il semblerait juste que les soins les plus minutieux fussent accordés à cet agent pour ainsi dire exclusif de la fécondité de nos terrains. C'est le contraire qui arrive presque toujours : le fumier est exposé aux ardeurs du soleil et à l'action délayante des eaux pluviales; l'un hâte la décomposition organique et le dégagement d'ammoniaque, tandis que les autres dissolvent les sels solubles et, en l'absence de citernes, les entraînent dans les ruisseaux. On peut obvier, en partie, à ces inconvénients, avec la précaution d'enlever fréquemment le fumier et, en tout cas, d'en faire différents tas qu'on peut faire disparaitre par rang d'ancienneté. En outre, le fumier conduit dans les champs doit être, autant que possible, répandu immédiatement, du haut de la voiture. On économise ainsi les frais d'épandage; on a une répartition d'engrais très-égale, ce qui n'arrive pas lorsqu'on le dépose en tas, surtout quand ces tas doivent subsister longtemps et se réduire; enfin, la décomposition du fumier est arrêtée, et, par conséquent, il n'y a plus aucune déperdition d'ammoniaque. Ceci n'est pas une assertion hasardée : elle repose sur l'observation des faits et s'explique théoriquement. En effet, par les temps chauds l'engrais répandu demeure aussi sec que du fourrage bon à rentrer; pendant les pluies il est lavé, mais la terre reçoit les éléments dissous. Dans aucun cas il n'y a décomposition. Chacun sait d'ailleurs que le fumier répandu en couverture, sur les champs de pomme de terre, produit au moins autant d'effet que le fumier enfoui, sur la production des tubercules et sur les récoltes suivantes. M. Praillet, cultivateur belge, régisseur du domaine de Waldhof, à 7 kilomètres de Luxembourg, fume le trèfle en couverture. Le trèfle verse; il est suivi d'un blé splendide qui ne verse pas; après le blé, et sans fumer, M. Praillet a des betteraves beaucoup plus riches en matière saccharine que les betteraves obtenues sur fumure fraîche. Après ces betteraves, il obtient de l'avoine magnifique dans laquelle il sème du trèfle qui revient ainsi tous les quatre ans. Il dit que le trèfle prépare merveilleusement le sol pour une récolte de betteraves, et réciproquement. Ce sont pourtant deux récoltes qui absorbent une quantité considérable de potasse. Quoi qu'il en soit, l'expérience l'emporte sur la théorie.

Les campagnards pensent que le fumier entièrement décomposé et réduit à l'état de *beurre noir* est le meilleur, le plus avantageux. Il y a, dans cette opinion, de la vérité et de l'erreur. En effet, un mètre cube de ce fumier est plus riche, d'une manière absolue, qu'un mètre cube de fumier frais, parce qu'il est lui-même le produit d'environ deux mètres cubes de fumier décomposé et réduit. Mais ses effets ne dépendent plus guère que des sels minéraux accumulés; quant à l'azote, il a, en majeure partie, disparu. Ce mètre cube de beurre noir vaut donc plus qu'un mètre de fumier frais, mais il est moins avantageux que deux mètres de fumier frais qu'il représente.

A cet égard, la Commission d'agriculture d'Echternach a fait des essais dont elle a publié les résultats. On lit dans son rapport, ces lignes: « l'emploi des fumiers frais est le plus avantageux, économiquement parlant. Les fumiers soumis à la décomposition par leur exposition au grand air, *en tas*], perdent bientôt en volume et en qualité. »

J'emploie souvent le plâtre répandu dans le fumier, j'ai toujours reconnu que le fumier plâtré ne renferme jamais ni blanc ni moisissure et qu'il produit plus d'effet que le fumier ordinaire, évidemment parce que le corbonate d'ammoniaque, au fur et à mesure qu'il s'y forme, est converti en sulfate d'ammoniaque fixe. L'usage du plâtre est très-répandu dans le Luxembourg pour désinfecter les écuries.

Dans tout le Grand-Duché, on ne trouverait plus un seul cultivateur qui brûle sa paille de colza. Il y en a même qui cultivent le colza spécialement en vue de sa paille et surtout de ses ciliques destinées à entrer dans l'alimentation des bêtes à cornes. Chez nous, le brûlement du colza a disparu presque entièrement. On apprécie aujourd'hui, comme elle le mérite, cette paille de colza qui réunit de nombreux avantages : elle arrive dans un moment où la litière manque ; elle est la plus riche, la plus azotée de toutes les pailles ; ses grosses tiges absorbent une forte proportion de purin. Sa composition chimique et ses qualités physiques en font une source d'engrais très-actif. On pourrait trouver la preuve de ce que j'avance ici, dans une pièce de onze sillons que j'ai fait semer en colza : un seul sillon fumé avec le fumier de paille de colza, sortant de l'étable, se distingue par une végétation beaucoup plus élancée et plus vigoureuse, au milieu des autres sillons fumés, les uns avec du fumier ordinaire sortant de la même écurie, les autres avec des poils d'animaux.

On voit encore fréquemment, dans nos campagnes, des gens occuper à incinérer les fanes de pommes de terre. Il vaudrait infiniment mieux les enfouir, sinon les employer pour litière. Les cultivateurs bien avisés font flèche de tout bois : ils ramassent avec soin tout ce qui est à leur portée, feuilles d'arbres, roseaux, gazons, mousse, etc., pour augmenter la litière et pouvoir faire passer une plus grande quantité de paille dans le râtelier des bêtes. C'est un diminutif de la méthode Decrombecque.

Vendre ses pailles, transporter ses fourrages sur le marché, ce sont encore des coutumes trop répandues autour de nous et qui ont pour effet d'affaiblir la richesse d'une propriété territoriale, si celui qui la dirige n'a pas le soin ou les moyens d'acheter des engrais comme compensation. Ce serait déjà bien assez d'exporter les grains et de vendre les bestiaux, sans chercher à rétablir l'équilibre au moyen de poudre d'os ou d'engrais chimiques ; mais quand nous voyons tant d'exploitations d'où s'échappent les sources d'engrais, sous double forme de bétail livré au commerce et de fourrages amenés au magasin militaire, nous nous demandons comment il se fait que la fertilité des terres, loin de décroître, sur les bans qui nous avoisinent, semble, au contraire, augmenter à telles enseignes que l'on cultive aujourd'hui le froment dans des plaines qui autrefois ne donnaient que du seigle ou du méteil. Nous sommes alors forcés de reconnaître que la Providence, plus prévoyante que les cultivateurs, ne se lasse pas d'apporter régulièrement sa bonne part à la nourriture des terres cultivées.

C'est, d'ailleurs, un fait confirmé par la science. M. de Gasparin cite des terres qui ne reçoivent jamais d'engrais et qui donnent tous les deux ans, depuis un temps immémorial, 9 hectolitres de blé à l'hectare. D'autre part, j'ai entendu

M. Barral dire que les météores fournissent au sol les éléments organiques et minéraux nécessaires à une production annuelle de 4 hectolitres et demi de blé par hectare. On a prouvé chimiquement que la pluie qui tombe sur la superfie d'un hectare, durant une année, contient 147 kilos de matières salines. Par conséquent, l'eau de pluie est un engrais; il convient d'en perdre le moins possible. Partout où la chose est praticable, il y a intérêt à faire des prairies dans les terrains inférieurs, au moyen d'un système d'irrigations. Les cultivateurs du Grand-Duché excellent dans cette pratique : ils ne négligent aucune occasion de créer de ces prés qui, en raison de leur situation topographique, peuvent être fertilisés par les débordements des ruisseaux ou à l'aide des eaux pluviales qui se sont chargées de principes fécondants, en passant sur les terrains supérieurs. Cette sorte de prés est la plus avantageuse de toutes, parce qu'elle augmente le tas de fumier de la ferme, sans rien demander.

Il y a tant de terrains, de bouts de sillons marécageux, infertiles, qui pourraient être si avantageusement convertis en prés, si le morcellement de la propriété ou plutôt l'égoïsme et le mauvais vouloir des propriétaires n'y faisaient obstacle. Quand serons-nous armés d'une bonne loi qui permettra de réaliser ces progrès réclamés par l'intérêt général ! Puisque la prospérité de l'agriculture dépend des fourrages, il faudrait au moins décréter le principe de l'expropriation, pour cause d'utilité publique, toutes les fois qu'une réunion de parcelles pourrait permettre la formation d'une bonne prairie.

Hormis ce cas particulier, le morcellement de la propriété ne me semble pas entraîner de bien graves inconvénients, au moins dans les communes où les terrains sont abornés, où les *retourneurs*, par conséquent, ne peuvent exercer leur coupable industrie. J'ai dit ailleurs que la division du sol nous rend un grand service, en ce sens qu'elle met la propriété territoriale à la portée des petites bourses. Sans cette circonstance, la dépopulation des campagnes, qui fait l'objet de si légitimes doléances, marcherait bon train. L'acquisition d'un lopin de terre est plus efficace que les plus éloquents discours, pour retenir l'ouvrier dans les campagnes. Les petits propriétaires sont les auxiliaires et, pour ainsi dire, les associés de la grande culture. Le laboureur, disent-ils, *fait* leurs terres à un prix convenu, modéré; quant à eux, ils font ses travaux manuels dans les mêmes conditions. Quand on a besoin de beaucoup de bras, on peut trouver un certain nombre de manœuvres disponibles, mais à aucun prix on ne saurait obtenir celui qui est *commandé* par *son* laboureur. L'ouvrage de celui-ci passe avant tous les autres : telle est la base de la convention qui unit le cultivateur et le prolétaire.

L'usage des récoltes vertes enfouies est pratiqué dans le Luxembourg; depuis quelques années surtout il tend à s'y répandre. A cet effet, on emploie le lupin jaune, le sarrasin, la moutarde blanche. Le lupin a été introduit en 1855, par M. Koltz. On ne fait usage de cette plante que pour l'enfouir comme engrais ou pour récolter la semence qui se vend 25 francs l'hectolitre. Le lupin ne se fourrage pas bien en vert, il a un goût de genêt auquel les animaux s'habituent difficilement.

On comprend l'usage des engrais verts dans un pays où le fumier se vend à raison de 8 francs les mille kilos; mais chez nous le fumier est à bas prix : aussi l'on estime qu'il est plus avantageux de faire passer les récoltes par l'étable pour les ramener ensuite sur la terre. Du moins il en est ainsi aux environs de Thionville. Cependant, en s'éloignant du chef-lieu, il peut arriver que le fumier de cavalerie coûte moins que les frais de son transport. Dans ces circonstances, il pourrait y avoir de l'économie à recourir aux fumures vertes. Sous ce rapport, il serait bon de rappeler que le lupin réussit très-bien dans le Grand-Duché. On le rencontre par centaines d'hectares, sur le plateau sablonneux entre Dommeldange, Rollingen, etc. Quant au sarrasin, je sais par expérience qu'il est capable de nous rendre de grands services. Il exige peu de graine pour le semis; il pousse dru et étouffe admirablement les mauvaises herbes; enfin, sa végétation est très-rapide. On pourrait le semer dans les jachères et obtenir, sans autres frais que quelques litres de semence à bon marché, la valeur d'une demi-fumure. Une petite quantité d'engrais minéral consistant en chaux et en phosphates pourrait compléter la fumure.

Le gouvernement luxembourgeois fait de grands sacrifices pour favoriser le chaulage, surtout dans les Ardennes, où les amendements calcaires sont le plus nécessaires, et dans les défrichements, où ils sont indispensables. Le crédit porté depuis vingt ans au budget de l'Etat, pour procurer aux petits cultivateurs des Ardennes de la chaux à prix réduit est de 3 à 6,000 francs par an.

Le plâtre est employé non seulement en couverture sur les légumineuses et les prairies artificielles : on en saupoudre encore les prés humides de la vallée de la Sûre, dont on améliore ainsi la production. La marne, très-commune dans le pays, est d'un usage assez restreint.

Il m'a paru d'autant plus nécessaire d'insister sur les divers moyens propres à augmenter la masse de nos engrais, que nous n'avons pas, pour le moment, des ressources fourragères équivalentes à celles du Grand-Duché. Dans le huitième chapitre, je ferai voir que, sous ce rapport, il ne tient qu'à nous d'être, en quelques années, à la hauteur des cultivateurs luxembourgeois. Si nous ne sommes pas au-dessus d'eux, dès aujourd'hui, c'est bien par notre faute. C'est peut-être parce que nous avons trop de facilités que nous restons en arrière : c'est la nécessité seule qui rend l'homme industrieux.

VIII

RÉCOLTES.

Le *froment* forme encore aujourd'hui la base de la culture dans notre arrondissement. Nous pouvons et nous devons diminuer d'un quart, peut-être d'un tiers, l'étendue des terres consacrées aux céréales, au profit des plantes fourragères et des cultures industrielles. En effet, pour faire de l'argent, pour payer son canon, autrefois le cultivateur n'avait confiance que dans le blé. Aujourd'hui, il commence à comprendre qu'il est avantageux de cultiver le colza et, dans certaines conditions, la betterave.

En tout cas, il y a de l'avantage à varier les cultures. Un canon dont le sort dépend uniquement de la réussite du blé est très-compromis, si l'année se montre particulièrement défavorable au froment. Au contraire, si le paiement du fermage a pour triple garantie la culture des céréales, celle des plantes industrielles et l'élève du bétail, on peut dire qu'il est à peu près assuré.

En cultivant le colza et la betterave, on exporte de l'alcool ou du sucre et de l'huile, c'est-à-dire des principes hydrocarbonés qui n'enlèvent à l'exploitation aucun de ses éléments de fertilité, des substances que le travail de la végétation a puisées dans l'atmosphère, si l'on a soin, toutefois, de faire consommer sur la ferme les tourteaux de colza et les pulpes de betteraves. La culture de ces plantes, pratiquée en grand et d'une manière rationnelle, dans le Nord, a donné des résultats prodigieux. La quantité de terre consacrée au blé y a diminué de moitié et, néanmoins, la récolte de froment y est devenue deux et trois fois plus forte. L'arrondissement de Saint-Quentin avait, en 1830, 1,600 têtes de bétail, sans les chevaux; il en possède 25,000 aujourd'hui.

On a essayé, dans le Luxembourg comme chez nous, diverses variétés de froments exotiques et l'on est arrivé aux mêmes résultats. On a reconnu que les espèces étrangères prospèrent dans certaines années favorables et périssent durant les hivers à temps très-variable, offrant des alternatives de gelée et de dégel qui déchaussent les racines. Pour maintenir le rendement extraordinaire du froment de Halett, il est nécessaire de renouveler tous les ans la semence. On sait ce qu'il en coûte. Le froment du pays est plus rustique, mais il est souvent moins productif; de plus, il a des tiges moins fortes et, pour cette raison, il verse plus facilement et n'est pas aussi apte à supporter les fortes fumures destinées à contribuer aux rendements *maxima*. M. Nels a adopté une méthode mixte qui consiste à mélanger trois ou quatre espèces de blé qui semblent réussir mieux qu'en les semant isolément. Les Luxembourgeois ont renoncé à ces mélanges : leur meunerie ne recherche que la variété de froment indigène.

Le sulfatage du blé de semence est très-peu employé chez nous. Confessons nos fautes et avouons qu'il nous en a coûté beaucoup, en 1868, d'avoir négligé d'exécuter une préscription que l'on devrait considérer comme réglementaire. Tandis que nous avons eu, en moyenne, un dixième de blé moucheté, les Luxembourgeois ont récolté un blé net. Ils emploient généralement les sulfates et plus particulièrement le sulfate de soude, à la dose indiquée par de Dombasle. Ils ont rarement recours au purin qui d'ailleurs semble également réussir. M. Fischer a vu une année où, lui seul ayant sulfaté son blé de semence, ses blés étaient seuls intacts, au milieu d'une saison entière de blés fortement mouchetés. L'année suivante, tous les cultivateurs de la localité, moins un, imprégnèrent leurs semences d'une dissolution de sulfate de soude. Cette fois, toute la récolte du ban fut nette, moins celle du propriétaire qui s'était abstenu de pratiquer le sulfatage.

La culture du blé en lignes est encore inconnue dans notre pays et, je crois, déjà abandonnée dans le Luxembourg ainsi qu'en Belgique. Dans ces pays, dit-on, le blé en lignes a donné des rendements inférieurs à ceux du blé semé à la volée. Le premier ne semble prospérer que dans les climats maritimes où l'air est toujours plus ou moins imprégné d'humidité.

A diverses reprises j'avais projeté d'expérimenter la culture en lignes des céréales. J'avoue que je n'ai jamais trouvé le temps qu'il aurait fallu consacrer à cette besogne supplémentaire. J'ai déjà eu l'occasion de dire, à la fête agricole de Cattenom, que notre contrée où nous voyons tant de cultivateurs intelligents et avides de progrès, se montre rebelle aux rendements extrêmes et à bon nombre de cultures perfectionnées. Nous ne trouvons pas assez souvent un temps propice pour bien opérer ; quand il se présente, nous sommes obligés de le saisir à la hâte. Entre l'extrême sécheresse qui s'oppose au fonctionnement régulier des instruments agricoles et la pluie persistante qui détrempe nos terrains au point de les rendre inaccessibles, nous n'avons, trop souvent, que quelques jours durant lesquels on peut faire de la besogne convenable. On en profite pour semer et pour semer à la hâte, dans des terres qu'on a, autant que possible, préparées de longue main et qui ne demandent plus qu'un hersage pour enfouir la semence. Cela démontre, soit dit en passant, qu'il y a plus d'une bonne raison pour ne pas semer immédiatement derrière la charrue, ainsi que je l'ai dit dans le deuxième chapitre.

Dans le Luxembourg, on connaît et l'on pratique la maxime de l'ancienne Rome : « il vaut mieux moissonner deux jours trop tôt que deux jours trop tard. » Dans l'arrondissement de Thionville, on se hâte un peu plus à faire la moisson, depuis une dizaine d'années, mais on commence encore trop tard, dans la plupart des cas. C'est, du reste, l'avoine qui en supporte le plus les fâcheuses conséquences. Elle attend son tour au-delà de toute mesure, parce que l'engrangement du blé n'est pas terminé. Il n'y a pas d'année où l'égrènement de l'avoine, par excès de mâturité, ne laisse sur les champs une quantité de graine égale à la semence. En 1868, cette proportion a été certainement dépassée ; un ouvrage chassait l'autre, tout mûrissait à la fois et il a fallu, malgré la pénurie des bras, finir la moisson trois semaines au moins plus tôt qu'en temps ordinaire.

Si l'usage des moyettes n'est pas généralisé dans notre pays, ce n'est ni par la faute du Comice ni par la mienne. J'ai soigneusement recommandé, dans la presse locale, une méthode qui, comportant le fauchage du blé six ou huit jours avant la mâturité, permet au cultivateur de couper toute sa récolte en quelque sorte aux environs du point le plus opportun. Nous voyons tous les ans se répéter, sur bien des points, le même fait d'imprévoyance. On attend la parfaite mâturité pour commencer la moisson, et comme celle-ci dure quinze jours, elle finit par s'opérer sur des blés qui s'égrènent au contact de la faulx. Au contraire, les cultivateurs qui font des moyettes coupent une partie de leurs blés avant la mâturité, une autre au moment même où le froment est mûr, et le reste très-peu de temps après.

L'année pluvieuse de 1860 a beaucoup fait pour la propagation des moyettes. Toutefois, nos campagnards ont adopté un système mixte qui me semble presque aussi bon que celui des moyettes. Il donne un fort bon résultat, et il exige moins de main-d'œuvre. Au lieu d'assembler une quantité de tiges correspondant à 5 ou 6 gerbes et de les réunir par un lien unique, comme pour faire les moyettes, on compose une pyramide avec 8 ou 10 gerbes liées et l'on protège cette pyramide par un chapeau. Cette modification de la moyette ne diffère du type recommandé qu'en un seul point, à savoir, que la pyramide, au lieu d'être faite avec des tiges libres, est composée avec des gerbes. Je ne pense pas que cette différence dans la structure des moyettes soit capable de nuire au résultat : les épis sont mieux protégés contre la pluie et la mâturité s'achève convenablement. Dans le Grand-Duché, on emploie généralement la moyette mixte ; dans les années pluvieuses on a recours à la moyette sans ligature.

Espérons que tous les cultivateurs, sans exception, renonçant au système des meules triangulaires, composées de gerbes couchées horizontalement, finiront par adopter exclusivement la méthode mixte que je viens de décrire. Elle s'écarte très-peu de leurs habitudes, quant au maniement de la matière, et rapproche sensiblement de la moyette. Il y a, néanmoins, une observation importante à faire sur la disposition du chapeau qu'on emploie dans notre pays. C'est une gerbe ordinaire liée, comme de coutume, vers le milieu, qu'on appose sur la pyramide. Aussi la tête du chapeau, c'est-à-dire la portion située au-dessus du lien est renflée et présente à l'action de la pluie une surface trop grande. Pour obtenir un chapeau bien efficace, il faut lier la gerbe qui doit le former, le plus près possible de l'extrémité des tiges, afin qu'il ne reste, au-dessus du lien, qu'une sommité étroite sur laquelle la pluie n'aura que peu de prise.

Dans le Grand-Duché, on cultive avec assez de succès l'*épeautre*, dans les terrains où l'engrais est difficile à transporter. Au contraire, la grande épeautre trouve sa place dans les terres où le froment verse volontiers. Sa culture serait plus généralisée, si les meuniers luxembourgeois ne trouvaient que sa farine est difficile à extraire. Dans la ville de Luxembourg, la fine farine d'épeautre, introduite d'Allemagne, fait une concurrence très-sérieuse aux fines fleurs de froment de France, surtout pour les usages de la pâtisserie.

Chez nos voisins, où l'assolement quadriennal a gagné du terrain, l'*avoine* ne paraît guère mieux soignée que dans notre pays, où elle succède invariablement au froment, sans fumure. Pourtant cette plante n'est pas ingrate ; elle rend volontiers 40 et 50 hectolitres, dans nos terres convenablement amendées et labourées avant l'hiver. J'ai entendu des cultivateurs qui labourent les terres fortes des côtes, dans le canton de Bouzonville, émettre cette opinion que leurs terres ne sont pas propices à l'avoine. Il est vrai que celle-ci réussit mieux dans les terrains légers, mais je puis affirmer que, même dans les sols les plus argileux, j'obtiens des rendements considérables d'avoine, en semant sur un labour d'automne.

Le défaut de soins donnés à l'avoine fait que nos cultivateurs préfèrent la variété commune qui est plus rustique. Un système de culture plus avancé, appuyé sur l'abondance des engrais, préfère les variétés hâtives, renfermant plus de farine. Ces dernières ont généralement la préférence, dans le Luxembourg.

Quoi qu'il en soit, l'avoine est une céréale qui devient tous les jours plus avantageuse et à laquelle, pour cette raison, l'on finira par accorder les mêmes soins qu'au blé. Tandis que le prix du froment s'avilit dès que la récolte est passable, celui de l'avoine reste presque toujours assez élevé. A la veille de la récolte, le blé baisse, la vieille avoine conserve sa valeur, si même elle ne subit pas un mouvement de hausse. En 1857, tandis que le blé se vendait 17 francs les 100 kilos, l'avoine était à 24 francs. Aujourd'hui même, le blé et l'avoine font des mouvements en sens inverse qui vont tout-à-l'heure, si les choses continuent, égaliser leurs prix.

Il y a peu d'années que, dans le Luxembourg, l'avoine commence à se relever du discrédit qui pesait sur elle, et qui « avait pris son origine dans le système de culture triennale avec jachère où elle venait toujours après une autre céréale. » Je suis persuadé qu'avant peu, elle disputera au froment le premier rang parmi les céréales, si le commerce continue, comme c'est probable, à la rechercher aussi avidement. C'est alors qu'on mettra un peu plus d'attention à la bien cultiver.

L'*orge* est cultivée assez largement dans les terres sablonneuses de la vallée de la Moselle, à Cattenom, à Ham, etc. Dans les terres d'Yutz, cette céréale donne un produit vénal souvent égal et quelquefois supérieur à celui du blé. Il est juste de dire que les cultivateurs la traitent avec beaucoup d'égards; ils fument pour l'orge après laquelle ils récoltent un trèfle magnifique suivi d'un beau blé. Dans ces conditions, l'assolement triennal, comme je l'ai dit ailleurs, n'est peut-être pas moins bon qu'un autre. Le fumier est un grand maître, en agriculture, et les façons données à la terre en quantité suffisante et en temps convenable, sont un puissant auxiliaire de l'engrais. Sur le ban d'Yutz, on retourne généralement à l'automne les terrains que l'on destine à l'orge : on se conforme ainsi au mode de préparation que je voudrais voir adopter pour toutes les cultures printanières indistinctement.

Cette méthode rationnelle est pratiquée dans le Grand-Duché, près de la métropole. A cet égard, voici ce que dit M. Fischer : « la plupart du temps on donne encore une fumure pour l'orge. Aux environs de Luxembourg, on fait ainsi succéder l'orge au froment. Immédiatement après l'enlèvement de celui-ci, le champ est labouré; il l'est une seconde fois avant l'hiver........ Ainsi traitée, l'orge succédant à un froment ne paraît plus être une anomalie. » A l'école d'agriculture d'Echternach, on a essayé une grande variété d'orges. La plus féconde est l'*orge de l'Hymalaïa.*

Le *seigle* est très-productif dans nos terres légères. Comme l'avoine, comme l'orge, il rembourse avec usure l'engrais qu'on veut bien lui consacrer. A la ferme de Sainte-Cécile, tout près de la frontière luxembourgeoise, M. Béva a plusieurs fois obtenu jusqu'à 40 hectolitres de seigle à l'hectare. Un pareil produit m'avait toujours surpris, mais à la dernière récolte j'ai eu moi-même 39 hectolitres à l'hectare d'un seigle fumé, après blé. Cette plante précieuse à tant de titres a l'avantage incalculable de pouvoir, en raison de la précocité de sa récolte, précéder le colza. Un seul labour suivi du scarificateur et des herses suffit pour préparer très-convenablement le terrain. Quand la préparation est terminée, c'est-à-dire du 15 au 20 juillet, si la sécheresse s'oppose à un semis efficace, ou bien si l'on préfère semer plus tard, le terrain n'aura besoin que d'un nouveau trait de scarificateur, lorsqu'on sera décidé à lui confier la semence.

La culture de la *féverole* semble mieux réussir dans le Grand Duché que dans notre pays. M. Fischer dit que 20 à 30 hectolitres par hectare sont le produit ordinaire. Ce rendement ne doit être obtenu, je pense, que dans les terrains où nos voisins cultivent la féverole en lignes, à l'aide d'un ou de plusieurs binages. Quoi qu'il en soit, chez nous la floraison de la féverole a été, depuis quelques années, singulièrement contrariée par les sécheresses de l'été et j'avoue, pour ma part, que cultiver cette légumineuse en lignes, avec une bonne fumure et un labour avant l'hiver, pour n'en obtenir que 12 à 15 hectolitres à l'hectare, n'est pas chose encourageante. En Angleterre, le rendement de la féverole est plus certain, parce que l'état hygrométrique de l'atmosphère y favorise sa végétation, même pendant les fortes chaleurs. En général, du reste, nous aurons beau perfectionner notre culture, les rendements *maxima* de la Flandre et de l'Angleterre n'entreront jamais dans notre partage. On peut le dire, non pour décourager nos cultivateurs, mais pour leur donner confiance. Cette proposition, qui semble *à priori* paradoxale, est logique néanmoins. En effet, nous avons, autant que les Anglais, le désir de gagner de l'argent; de plus, notre contrée ne manque pas de cultivateurs doués d'activité et d'intelligence. Pour atteindre aux rendements extrêmes, ils ont tout ce qu'il faut, moins le climat plus doux des pays littoraux et leurs rosées fertilisantes. Les sécheresses implacables de nos étés formeront toujours un obstacle insurmontable contre lequel est condamné à s'émousser éternellement l'effet des grosses fumures et des labours profonds.

Notre climat ne nous permet pas de repiquer avec succès le *colza,* ainsi que cela se fait dans le Nord. M. Rehm a fait venir un ouvrier de la Flandre, afin de repiquer du colza exactement d'après la méthode usitée dans son pays. Il a mis à sa disposition tous les objets qu'il désirait pour cette opération et lui a conféré toute liberté d'action. Le colza, repiqué suivant les règles de l'art, a donné, comme toujours dans la région que nous habitons; une récolte très-inférieure au colza semé.

En raison des effets de la sécheresse, le semis du colza est toujours pour nous un sujet d'inquiétude. Nous savons qu'il importe de ne pas le semer tard, l'expérience nous ayant montré que seuls, les plants de colza qui deviennent très-forts avant l'hiver, seront capables de fournir une végétation luxuriante et un gros rendement. Nous semons donc dès la fin de juillet. Le colza lève plus ou moins bien ; mais bientôt ses cotylédons sont percés à jour et dévorés par les altises. On sème de nouveau, dans les dix premiers jours du mois d'août et, généralement, la même scène de destruction recommence. De guerre lasse, on sème une troisième fois, avant la fin d'août, à une époque où les pucerons ne sont plus aussi entreprenants ni aussi nombreux, où d'ailleurs la longueur des nuits engendre des brouillards favorables à la végétation. Alors il faut, bon gré mal gré, se contenter d'un colza qui n'a pas tout-à-fait la vigueur qu'on ambitionnait. Voilà, du moins, ce qui arrive souvent dans notre pays et ce que l'on a toujours à redouter.

Il y a eu un moment où la culture du colza était fort en vogue dans le Grand-Duché On y sème souvent la graine en lignes, au moyen du semoir à brouette. C'était la méthode employée par M. Tudor, qui faisait régulièrement, tous les ans, une somme de 3,000 francs avec un lot de 4 à 5 hectares de colza. Avec le semoir à brouette, un homme suffit pour suivre quatre charrues secondées par des herses, par le rouleau et le rayonneur.

En revenant de Rosport, en 1856, j'ai le premier cultivé du colza en lignes dans la plaine d'Yutz et même, je crois, dans toute la vallée de la Moselle. M. Krisman se rappelle qu'il n'a jamais reçu un grain plus beau ; et M. Krisman père, qui était très-expert en culture de colza, était frappé du diamètre extraordinaire des tiges, en visitant la pièce. J'avais, suivant la méthode luxembourgeoise, semé au moyen du rayonneur et du semoir à brouette. Cependant, j'ai fini par me railler à une méthode qui était employée par M. Robin, de Rettel, et par un certain nombre de cultivateurs de nos environs. Le procédé consiste à semer le colza à la volée et, quand il est bien levé, à pratiquer des interlignes au moyen de la houe à cheval. On a ainsi des bandes alternatives de colza et de terrain déblayé.

Cette pratique donne d'excellents résultats. Je la préfère à la méthode luxembourgeoise, parce qu'elle est plus économique. Lorsqu'on sème en lignes avec le semoir, les plants sont tellement rapprochés sur chaque ligne, qu'il faut en arracher la majeure partie à la main, ce qui est long et dispendieux. Avec la méthode que nous employons actuellement, on éclaircit les bandes de colza à coups de pioche largement distribués, genre d'ouvrage qui est rapidement exécuté; et même, si le colza a été semé très-clair, semé avec deux doigts, les plants sont suffisamment espacés pour qu'on puisse les laisser dans le même état.

On a l'habitude, dans le Grand-Duché, de rentrer la récolte de colza dans les granges, pour la battre ou pour la dépiquer. Chez nous, le dépiquage dans les champs est usité, et ce procédé me semble mériter la préférence. Les siliques restent sèches et cèdent facilement leurs graines, tant qu'elles sont à l'air; dès qu'elles ont séjourné quelques heures en tas, elles s'imprègnent de transpiration et deviennent plus difficiles à dépouiller de leurs graines.

Je me demande encore tous les jours pourquoi les cultivateurs de la plaine de Maizières, Hagondange, etc., continuent de semer le colza à la volée et de le biner à la pioche, sans profiter de la grande économie de main-d'œuvre et de l'augmentation de récolte que procure la culture en lignes. Les tiges de colza ne craignent pas d'être espacées, pourvu qu'elles aient acquis de la force avant l'hiver : l'habitude où l'on est, dans la région voisine que je viens de citer, de laisser le colza excessivement épais ne semble propre qu'à accroître la dépense sans élever la recette. J'ai vu souvent, dans des champs de colza dont les lignes étaient distantes de 70 centimètres, de puissantes ramifications se réunir et s'enchevêtrer, par dessus une ligne dégarnie, franchissant ainsi un espace de 1 mètre 40.

Le Comice de Thionville a introduit dans notre pays les *pommes de terre Chardon* qui se sont rapidement répandues. Elles ont brillamment conquis nos terrains, en raison de leur faculté d'échapper à la maladie et de leur fécondité extraordinaire. Depuis deux ans, la *pomme de terre de Norwège* a fait son apparition dans nos campagnes, également sous les auspices de notre société agricole. Elle a, dit-on, le privilége de résister aux gelées printanières. Quoi qu'il en soit, elle donne une belle végétation caractérisée par des tiges et des ramifications d'un beau vert et très-vigoureuses. De plus elle est, comme la précédente variété, très-productive; elles forment, l'une et l'autre, une grande ressource pour l'alimentation de l'homme et augmentent notablement les ressources fourragères des exploitations agricoles.

Notre collègue, M. Nels, qui faisait partie de la délégation thionvilloise, au dernier concours du Cercle agricole de Luxembourg, y a exposé 9 kilos de pommes de terre Chardon provenant d'une seule trochée choisie dans ses champs. Cet échantillon a obtenu du succès, à l'exposition du Cercle agricole : M. Nels a vendu, séance tenante, un certain nombre d'hectolitres de tubercules de la même variété à un prix très-supérieur au cours.

M. Nels recherche avec avidité tous les procédés avantageux; celui qu'il applique à la pomme de terre mérite, à mon avis, d'être proposé pour modèle. On divise préalablement la terre au moyen d'un labour après lequel agissent successivement les herses, le rouleau Croskill, le scarificateur et le rouleau en bois. Il va sans dire que ces nombreuses opérations préliminaires ne sont indispensables que dans les terres fortes; en terrains légers, l'action de la charrue et de la herse suffit. Ensuite vient le butoir qui trace des rigoles dans lesquelles on dépose les tubercules de semence. De rechef, le butoir est mis en mouvement pour fendre les ados et recouvrir les pommes de terre qui se trouvent ainsi butées. Enfin, le rouleau aplatit les ados formés en dernier ressort. M. Fischer décrit un procédé usité dans le Luxembourg et qui se rapproche sensiblement de celui que je viens de mentionner. Plus on étudie l'agriculture du Grand-Duché, plus on reconnaît l'esprit d'heureuse initiative dont elle est douée.

Avec ces systèmes, les pommes de terre très-convenablement enterrées, du reste, reposent sur une couche de terre ameublie. Les lignes étant dessinées par les ados, on peut biner avec la houe à cheval dès que les mauvaises herbes ont germé, c'est-à-dire dans les conditions les plus favorables pour leur destruction. Lorsque les tiges de pommes de terre se montrent, un coup de herse donné en travers des ados ou même dans le sens de leur longueur achève de nettoyer la superficie du sol. Au besoin, quelques coups de pioche sur les lignes complètent la besogne. Ce piochage occasionne une dépense insignifiante : 3, 4, 5 personnes au plus viennent à bout d'un hectare dans une journée. La récolte des pommes de terre obtenues avec des frais de main-d'œuvre si minimes se fait d'une façon non moins économique, à l'aide du butoir ou au moyen d'une charrue dégarnie de son coutre. Lors qu'ensuite on retourne la terre pour préparer la culture du blé, deux personnes qui suivent la charrue suffisent pour enlever les derniers tubercules. Ce procédé donne des résultats irréprochables et je crois que la charrue Howard à versoir ailé, usitée dans le Luxembourg, n'est pas indispensable.

Le *topinambour*, si fort en vogue dans la Meurthe, est à peu près inconnu chez nous. Il en est de même dans le Grand-Duché, sauf dans les terres légères des Ardennes. Cela tient peut-être à ce que la pomme de terre, si productive dans nos contrées et d'ailleurs peu susceptible de s'écouler pour le commerce en quantités importantes, suffit grandement aux besoins de l'agriculture.

La culture de la *betterave* a pris un certain développement dans notre pays, à l'instigation de M. Rehm, propriétaire de la distillerie de Basse-Yutz. Ce qui s'oppose à la propagation plus active de cette culture, c'est cette double considération qu'elle exige beaucoup de main-d'œuvre et de grosses fumures.

Sous le premier rapport, je crois que l'obstacle sera détruit, à partir de cette année, en ce sens que M. Rehm a l'intention de se munir d'un personnel nombreux qui sera chargé des opérations manuelles telles que binages à la main, extraction et décolletage des racines, dans les champs de betteraves dont la récolte sera destinée à la distillerie de Basse-Yutz.

En ce qui concerne les fumures, les cultivateurs n'ont généralement pas encore pris l'habitude d'acheter des engrais et ils redoutent, par la culture de la betterave, de faire une brèche trop considérable à ceux qu'ils obtiennent dans leurs exploitations. Sous ce rapport, les engrais chimiques pourraient rendre de grands services, s'ils parvenaient à produire une plus-value de récolte proportionnée à leur prix élevé. La betterave est plus épuisante que la pomme de terre, si l'on s'en rapporte à l'opinion répandue dans nos campagnes. Ed. About compare la pomme de terre à un groin de porc qui fouille le sol pour en tirer les principes nutritifs; quant à la betterave, dit le spirituel écrivain, c'est plus qu'un groin de porc, c'est une trompe d'éléphant.

Nous obtenons, dans notre pays, assez facilement 30 et 35,000 kilos de betteraves à l'hectare. Dans des années exceptionnelles, on a pu arriver à 40 et 45,000 kilos ; mais je crois que nous ne devons pas nous flatter de l'espoir d'atteindre à des rendements supérieurs à ces derniers, en forçant les fumures, parce que la végétation, dans notre contrée, subit des temps d'arrêt quelquefois très-longs durant lesquels la plante emploie toutes ses forces organiques à lutter contre les vicissitudes atmosphériques. En 1868, les betteraves ont renouvelé deux ou trois fois leurs feuilles, les racines paraissant rester toujours au même point.

J'ai dit ailleurs que l'engrais le plus cher est celui que produit la jachère. En revanche, le plus avantageux est celui que donne la *luzerne*. J'ai dit : que donne. Ah ! qu'il a été bien inspiré, Olivier de Serres, lorsqu'il a appelé la luzerne la *merveille du ménage des champs*. Voilà une plante précieuse qui procure pendant six années, en moyenne, une récolte très-lucrative, attendu qu'elle permet d'entretenir annuellement deux têtes de bétail par hectare. Après cette période, si l'on défriche le terrain qui a porté la luzerne, on peut en tirer successivement, au bas mot, quatre récoltes. Total : dix années de bon produit, sans fumer.

Quand je vois que nous avons sous la main une plante capable de produire un pareil miracle, et quand je pense que peut-être les neuf-dixièmes du territoire de notre arrondissement sont capables de porter de la luzerne, je rougis de l'infériorité relative de notre agriculture.

A l'œuvre, à la rescousse, tous les amis de l'agriculture, pour multiplier les cultures fourragères, source de toute prospérité agricole. Tel est le vrai moyen d'obtenir l'amélioration du sol, qui est elle-même la source de toute amélioration, car c'est d'elle que découle la perfection du bétail, bien plus que des croisements avec les types étrangers. Nos voisins du Grand-Duché l'ont bien compris : de 1840 à 1849, ils ont créé 1711 hectares de *prés naturels*, en même temps qu'ils étendaient considérablement la culture des *prairies artificielles*. Depuis 1849, de nouvelles prairies naturelles, en plus grand nombre encore, ont été formées, à telles enseignes que dans certaines parties du Sud, on compte un hectare de prés sur 2 hectares de terres labourables. Il est vrai que nous n'aurons jamais, dans notre arrondissement de Thionville, les magnifiques prairies de Rœser et de Mersch dans lesquelles un hectare donne souvent, dit M. Fischer, jusqu'à 6,000 et même 9,000 kil. de foin et moitié autant de regain. Ce foin, de qualité supérieure, contient un quart de plantes légumineuses. Notre position topographique ne nous permettra jamais d'obtenir une telle richesse de prairies naturelles. Par contre, nous sommes plus heureux que nos voisins, en ce sens que nous avons un plus grand nombre de terres aptes à la création des fourrages artificiels. C'est par là qu'il pourra nous être donné de racheter notre infériorité.

L'habitude de former des prés a rendu les Luxembourgeois très-habiles dans la matière. Ils ont transformé des marais en excellentes prairies, au moyen de curages et de rectifications et ils ont imaginé des systèmes d'irrigation « bien combinés et qui peuvent servir de modèle. » La formation d'un grand nombre de prés n'a pas tardé à donner du prix à la semence d'herbes qui fait depuis longtemps, dans le Luxembourg, l'objet d'un commerce assez important. La fleur de foin ne suffisant plus pour les ensemencements, on a fait des semis de plantes choisies et l'on a déclaré que la seule méthode rationnelle pour semer les prairies, consiste à faire un choix de semences appropriées à la nature du terrain.

On a dit cela à Luxembourg, on l'a dit également chez nous, et cela semble tellement logique que personne, par la voie de la presse, n'a songé à y contredire. Cependant, j'ai souvent créé des prés, j'ai commencé par étudier le terrain et j'ai acheté des semences. Cette méthode purement classique ne m'a pourtant donné que du gros foin peu garni à la base, dépourvu de cette sous-herbe ou *unter-grass* qui contribue à la quantité et à la qualité de la récolte, malgré le soin que j'avais pris d'introduire dans la semence une forte proportion d'agrostis. J'ai fini par employer le vieux système, qui consiste à semer de la fenasse. Dès lors, j'ai obtenu d'emblée des prés bien garnis, donnant beaucoup de foin et fournissant, dès la seconde année, un fourrage fin et aromatique.

Je me suis entretenu à ce sujet avec des cultivateurs qui ont fait les mêmes expériences et qui ont obtenu des résultats identiques. Ils ont été d'accord avec moi pour expliquer ces résultats pratiques de la manière suivante. — Il faudrait beaucoup d'habileté pour reconnaître exactement la nature d'un terrain, pour établir convenablement sa position géologique, physique, chimique et climatérique, en un mot, pour diagnostiquer sûrement, d'après un examen superficiel, quelles sont les graminées fourragères auxquelles ce terrain conviendrait le mieux. On s'expose donc, en semant des graines choisies, à faire fausse route. Au contraire, les balayures de greniers renferment une foule d'espèces parmi lesquelles le sol fera lui-même son choix. Il y a tout à parier que ce choix sera plus intelligent que celui de l'homme. Quant aux mauvaises espèces, elles ne conviennent qu'aux mauvais terrains : dans ceux-ci, elles viennent d'ailleurs sans qu'on les sème, tandis que dans une terre bien préparée et convenablement amendée, elles disparaissent pour faire place aux bonnes sortes. Dans un mauvais pré, il suffit de drainer ou, suivant les circonstances, de chauler, d'appliquer des cendres, du guano, du fumier, pour voir immédiatement le trèfle blanc, le lotier corniculé, la gesse, la vesce vivace et diverses plantes de premier ordre remplacer l'oseille, les carex, la marguerite, le plantain et autres denrées de même acabit.

En somme, il me semble qu'il faut laisser choisir le principal intéressé, c'est-à-dire le sol lui-même. Toutefois, il importe évidemment de lui fournir un assortiment complet; sous ce rapport, rien de plus convenable que la fleur de foin.

Depuis Caton, c'est-à-dire depuis 2,000 ans, on répète qu'il faut des fourrages. Le Comice de Thionville n'a cessé de recommander différentes cultures fourragères. Nous allons en passer quelques-unes en revue pour tâcher de reconnaître quelles réelles ressources elles peuvent offrir à l'agriculture du pays.

Le *trèfle incarnat*, pendant plusieurs années, a bien réussi dans les terres sableuses d'Yutz, de Sœtrich, etc. Cependant, cette plante semble avoir du mal à s'acclimater chez nous; la plupart des semis pratiqués en août et septembre 1868 ont échoué et, dans les années précédentes, on avait vu de grandes étendues de trèfle incarnat périr pendant l'hiver. Il n'est guère permis d'espérer que cette légumineuse, qui paraît exiger une terre excessivement meuble et légère, réussira définitivement dans notre contrée. Ce qu'il y a de certain, c'est qu'elle s'est montrée fort capricieuse dans le Luxembourg. Après y avoir rendu de grands services, elle ne réussit plus. On l'a abandonnée.

Les *vesces*, très-répandues dans le Grand-Duché, semblent destinées à prendre, dans la culture de notre pays, une fort bonne place. Elles supportent très-bien les fumures fraîches et forment pour le blé une des meilleures préparations. En effet, elles ne prennent presque rien au sol; elles étouffent les mauvaises herbes; enfin, récoltées fin de juin ou commencement de juillet, elles laissent le temps de faire une bonne demi-jachère. Elles sont, du reste, fortement du goût des bêtes à cornes et des chevaux et conviennent particulièrement aux animaux de travail, si on les fauche lorsque déjà les graines sont formées dans les gousses. Les vesces arrivent au moment où l'on a fini de fourrager la luzerne et le trèfle verts et fournissent un précieux secours à la stabulation permanente, c'est-à-dire à un système d'élevage qui paraît être le but de toute agriculture perfectionnée.

La *vesce d'hiver* ne supporte généralement pas la saison froide, même dans les terres sèches de la vallée de la Moselle. Il en résulte pour la culture de notre pays une sérieuse privation. Nous ne pouvons qu'envier la position des agriculteurs du Nord qui font, dès le mois de mai, de plantureuses récoltes de vesces d'hiver atteignant plus d'un mètre de hauteur. Après y avoir fourragé leur bétail à *bouche que veux-tu?* ils ont encore le temps de faire une abondante récolte de racines.

Le *seigle vert* est le seul fourrage assez précoce pour remplacer la vesce d'hiver qui nous fait défaut. Le seigle vert ne constitue pas un fourrage assez substantiel, quoique plaisant aux bêtes, pour le cultiver même dans les années d'abondance. Mais il a précisément cet avantage qu'on peut se déterminer à le semer en parfaite connaissance de cause, c'est-à-dire à une époque où l'on est fixé sur la quotité des ressources fourragères de l'année. A ce titre, l'année 1868 nous a fourni une bonne occasion de recourir au seigle vert. Pour ma part, je ne m'en suis pas privé. Comme de raison, j'ai fumé copieusement la terre destinée au seigle. Dès que le fourrage sera consommé, c'est-à-dire vers le 10 mai, il suffira, la terre ayant été fumée à l'automne, de labourer pour pouvoir planter des pommes de terre, du maïs, des haricots, ou pour semer du sarrazin, des vesces, etc. En somme, cette petite opération fera gagner 12 ou 15 jours de nourriture pour le bétail.

Dans le Grand-Duché, le seigle vert est fréquemmeut employé pour fourrage. On lui accorde volontiers une fumure d'engrais liquide, à l'automne ou pendant l'hiver. On y cultive quelquefois le *seigle de la Saint-Jean* qui, semé au mois de juin, est récolté en vert à l'automne et donne du grain l'année suivante. Il paraît qu'il réussit très-bien.

Un brave campagnard qui voyait semer mon seigle sur une fumure exubérante, me disait naïvement : — votre seigle versera, vous n'aurez pas de grain. — Non, je n'aurai pas de grain, je n'en veux pas; nous faucherons du fourrage. — Qu'avez-vous besoin, me dit-il, de prendre tant de précautions ? Au printemps, il vous restera tout votre foin à vendre.

Je fis à mon interlocuteur un aveu que je renouvelle d'ailleurs ici, c'est que, à mon avis, même lorsqu'on fait de l'agriculture pour son plaisir, on ne doit pas laisser de se guider d'après des principes économiques. Si, à la fin de chaque année, les opérations agricoles auxquelles je consacre mon intelligence et le peu de loisirs que me laisse ma profession me donnaient de la perte, non du profit, je ne trouverais plus l'agriculture capable de me plaire. Oh ! mais, plus du tout !

Le *maïs*, employé comme fourrage, est encore peu cultivé dans notre pays. Cependant, ce fourrage qui brille par la faculté de triompher des sécheresses les plus implacables mérite d'être adopté par les cultivateurs prévoyants, sous un climat où les secondes coupes de prairies, de trèfle et même de luzerne sont souvent annihilées par les effets de la sécheresse. J'ai planté du maïs le 12 mai, dans une terre excessivement brûlante, dans un sable pur. Il a accompli toutes les phases de sa végétation au sein d'une atmosphère torride et, néanmoins, cette végétation a été luxuriante. Par exemple, il faut fumer copieusement pour avoir du beau maïs ; celui qui désire ménager l'engrais fera bien d'éviter cette culture.

M. Alexis Poulmaire cultive tous les ans du maïs pour fourrage et il le trouve très-avantageux. Suivant lui, le rendement de cette plante est considérable. Donnée en vert, elle est mangée avidement par le bétail à cornes, par les chevaux et surtout par les porcs, ainsi que l'expérience l'a démontré dans le Grand-Duché de Luxembourg et, plus encore, dans le pays de Bade. La variété la plus avantageuse, sous le rapport du fourrage, est celle appelée *Pferdzahn*, dent de cheval ; elle s'élève souvent à 2 mètres de hauteur. En semant successivement le maïs, au mois de mai et dans les mois suivants, on obtient un fourrage abondant à une époque où les ressources fourragères manquent. La variété dent de cheval ne peut mûrir son grain sous notre climat, on la tire annuellement des Etats-Unis.

On a semé, à diverses reprises, du *sorgho*, à Yutz et à Beauregard. On a reconnu là, comme en Poméranie, que le maïs produit infiniment plus que le sorgho, outre que celui-ci, comme on l'a constaté dans le Luxembourg, a l'inconvénient de rendre les animaux malades et même de les faire périr avec les symptômes d'un empoisonnement, lorsqu'il est dans une certaine période de sa croissance.

Le *sainfoin à deux coupes* est employé en grand, depuis quelques années, sur les bans d'Imeldange et circonvoisins. Il y prend généralement la place du trèfle ; il donne une abondante première coupe, et l'on récolte en graines la deuxième coupe qui, comme telle, paraît donner un produit très-satisfaisant. On obtient ensuite du beau blé. Je cultive aussi du sainfoin à deux coupes, depuis longtemps, mais je trouve plus avantageux de le laisser durer quelques années. Dans les bonnes terres il a atteint, l'année dernière, 1 mètre 10 de hauteur. Dans le Grand-Duché, il devient très-fort dans les marnes irisées où toute autre récolte a du mal à venir. Il est bon de noter ce fait, car nous avons, dans les cantons de Sierck, de Metzerwisse et de Bouzonville, beaucoup de marnes irisées qu'on nomme *schoubert*, dans lesquelles le sainfoin ordinaire végète vigoureusement et où, vraisemblablement, le sainfoin à deux coupes pourrait prospérer. Les cultivateurs luxembourgeois mêlent souvent le sainfoin à deux coupes à la luzerne ; il la soutient et l'élève, jouant ainsi le même rôle que le trèfle violet à l'égard de la minette, ou les féveroles dans les vesces.

Pénétré du rôle immense que les plantes fourragères peuvent

jouer dans les affaires agricoles, convaincu d'ailleurs que la méthode la plus économique pour apporter à la terre de l'azote, c'est-à-dire le plus cher comme le plus utile des principes fécondants, consiste dans la culture des légumineuses fourragères, je me suis efforcé, dès l'année 1854, d'introduire le *trèfle hybride* dans l'arrondissement de Thionville. J'avais constaté, dans le Grand-Duché, les avantages de cette plante; on m'en avait fait voir, aux environs d'Echternach, dans des terrains trop humides ou trop dépourvus de fonds pour s'accommoder de la luzerne, ou trop privés de calcaire pour accepter le sainfoin. Le trèfle hybride m'a paru susceptible de former une plante artificielle durable qu'on peut obtenir à peu près indifféremment dans toutes les condit ons géologiques et qui est capable de remplacer avantageusement le *trèfle blanc*, lequel est vivace, il est vrai, mais ne produit pas assez.

A la suite d'un rapport que j'ai fait au Comice de Thionville, le trèfle hybride a été essayé dans notre pays. Malheureusement, les années sèches de 1857 et de 1858 ne lui ont pas été favorables; d'un autre côté, nos cultivateurs l'ont employé pour remplacer le trèfle ordinaire et ne durer qu'une année. Au contraire, l'expérience m'a montré que pour en faire un usage avantageux, il faut le semer comme prairie artificielle destinée à durer deux ans, trois ans au plus. La première année, son produit est très-abondant, les tiges dépassent 1 mètre de hauteur; à la seconde année, la récolte est encore satisfaisante; à la troisième année, il faut retourner après la première coupe.

L'usage du trèfle hybride n'expose pas les animaux à la météorisation. Dans le Grand-Duché, on emploie 9 kilos de semence à l'hectare pour récolter en fourrage et 7 kilos et demi quand il s'agit de recueillir la graine. Il y a eu un moment où cette semence était tellement recherchée que j'ai pu voir, à Rosport, un mauvais terrain qui valait 1,000 francs et qui avait donné, en une seule récolte, pour 1,100 francs de trèfle hybride à 3 et 4 francs le litre.

En somme, le trèfle hybride me semble avantageux sous quelques rapports : 1° il peut servir à l'établissement d'une prairie artificielle destinée à durer deux ou trois ans, dans des terres où ni la luzerne, ni le sainfoin ne sauraient prospérer; 2° il n'y a que le trèfle hybride et le trèfle blanc qui réussissent dans les terres de bois nouvellement défrichées; 3° il est excellent pour être semé avec le *trèfle violet* dont il augmente le rendement. De cette association, que j'ai l'habitude de perfectionner en ajoutant du trèfle blanc et de la *minette*, résulte un fourrage très-dru, à tiges fines, facile à sécher, plus succulent, plus productif et moins échauffant que le trèfle violet pur. Ce mélange fournit le moyen d'arrêter ou, pour le moins, de retarder la décadence du trèfle, sur laquelle gémissent les cultivateurs.

Depuis longtemps les Luxembourgeois ont essayé d'introduire diverses plantes fourragères. La *serradelle* n'a pu se maintenir, à cause de ses faibles rendements. Il en est de même pour la *spergule*. On a constaté que les vesces sont préférables à ces fourrages, parce qu'elles rendent plus et étouffent mieux les mauvaises herbes. Quant au *brôme de Schrader*, les Luxembourgeois ont retrouvé en lui « une vieille connaissance, le *ceratochlea australis* baptisé d'un nom nouveau et offert au prix de 10 francs le kilo de semence. » Il n'a pu se maintenir que dans des conditions exceptionnelles où il n'est pas difficile d'obtenir d'autres fourrages de meilleure qualité et en plus grande quantité.

Le Grand-Duché et l'arrondissement de Thionville peuvent revendiquer leur part dans les chants du poète Ausone qui, dans sa dixième idylle écrite à Trèves, en 367, mentionne les *vignes* couvrant les côteaux de la Moselle. De même que les ducs de Lorraine faisaient grand cas de leurs vignes de Sierck, de même les ducs de Luxembourg vantaient beaucoup leurs vignes des environs de Thionville et principalement leurs vignes de Guentrange.

En dehors des côtes de Schengen, Rémelchen, Ventrange, Wormeldange, etc., qui avoisinent la Moselle, le Luxembourg ne possède qu'une quarantaine d'hectares de vignes sur les bords de la Sûre. On n'y cultive guère que les raisins blancs, parce que les variétés rouges y manquent de matière colorante et de corps. En revanche, les vins blancs qu'on obtient sont légers, agréables et sains. Le vin blanc de Wormeldange jouit d'une renommée qui s'étend jusque dans les pays voisins et, notamment, dans notre arrondissement qui est cependant si riche en bons crûs.

La vigne est cultivée dans tout le Luxembourg d'après les anciennes méthodes. Cependant, il y a, à Schengen, 6 ares de vigne cultivés d'après le système Guyot. De plus, à Vianden, il y a de la vigne qui est cultivée sans supports.

Chez nous, où l'étendue des terrains plantés en vignes est beaucoup plus considérable que dans le Grand-Duché, toutes les méthodes sont mises en usage. Entre autres systèmes, celui que préconise M. Trouillet et qui consiste à supprimer les échalas, a fait des prosélytes. Affranchir le vigneron du marchand de bois, telle sera toujours la principale préoccupation des hommes qui s'occupent des intérêts de la viticulture.

Notre arrondissement offre une grande variété de bons crûs On récolte d'excellents vins dans le grès bigarré de Sierck, dans les marnes irisées de Klang, de Helling, de Veckring, d'Inglange; dans les terres fortes de Guentrange qui, bien que dépourvues de calcaire, reposent sur des bancs de marne; dans les terres siliceuses de Beuvange-sous-Justemont, etc. Nous pouvons dire avec une satisfaction toute particulière que, sans sortir de notre contrée, il nous est permis d'approvisionner nos celliers avec une grande variété d'excellents vins susceptibles d'être conservés longtemps.

Cependant, il devient tous les jours plus difficile de rencontrer des vins provenant de raisins noirs de petite race pure. On trouve plus avantageux de faire, pour le commerce, des vins mixtes avec le petit pineau mélangé de vert-noir, de simoreau et même de gamay, en y ajoutant les bonnes espèces de raisin blanc.

Quant aux propriétaires de la campagne qui ne cultivent la vigne que pour leur consommation, ils donnent la préférence au vin blanc qui leur semble bon et productif. Je demandais à un habitant de G.... le motif de cette prédilection. Voici sa réponse : « j'aime mieux boire deux coups qu'un seul. » Cet honnête propriétaire agit comme il parle. En 1865, il a récolté 27 hottes de vin blanc dans ses deux mouées de vigne. Dès le mois de novembre, il entreprenait une tâche laborieuse, quoique agréable à son palais, celle de faire prendre successivement le chemin de son estomac à un foudre de vin. Au mois de mars suivant, 9 hottes étaient englouties; en 120 jours, 360 litres de vin à 7 degrés alcooliques avaient passé à travers un filtre humain, non sans l'endommager gravement. J'ai visité ce tonneau des Danaïdes; j'ai moi-même désespéré de ce corps en ignition. Eh bien, le foudre a disparu et le buveur est resté. Les influences tempérantes du *Bismarck* sont venues à propos rallentir l'incendie. A l'heure qu'il est, une épreuve analogue à celle de 1865 recommence.

En 1860, les vins du Midi ont fait invasion chez nous, dans un moment où le *Garibaldi*, si acerbe, se vendait aux prix déraisonnables de 25 et 30 francs l'hectolitre. Comme le vin est devenu, dans notre pays privilégié, une des nécessités de la vie, comme les classes laborieuses se sont habituées à se réconforter avec le *sang divin de la grappe, frère de celui qui coule dans les veines de l'homme*, le vin du Midi a été appelé, dans une année de disette, à suppléer à l'insuffisance de notre récolte.

Nous avons tous été enchantés d'abord de ces vins chauds et riches en couleur. Mais ensuite sont revenues les bonnes années : bientôt le vin de table si pur de goût et si léger que notre pays produit en abondance a fait oublier les gros vins sans bouquet des pays méridionaux.

Cependant, si nos vins sont plus fins et plus agréables que

ceux du Midi, ils doivent cette supériorité à la proportion de petite race ou de raisins blancs que conservent nos vignobles. Gardons-nous bien de faire régner sans partage les grosses races ; nous n'aurions bientôt plus que de ce vin dont parle Boileau

> Et qui, rouge et vermeil, mais fade et doucereux
> N'avait rien qu'un goût plat et qu'un déboire affreux

C'est alors que les vins du Midi seraient réellement supérieurs, attendu que, dans notre climat, la grosse race ne donnera jamais d'aussi bon vin que celle qui mûrit sous les rayons ardents du soleil méridional.

Il faut de la grosse race, si le vigneron ne veut pas faire un métier de dupe, mais ici comme toujours *in medio stat virtus.* Sans doute il y a, selon l'expression originale d'un viticulteur de Guentrange, plus de gros becs que de fins becs ; mais il faut craindre, si l'on étend démesurément la culture des gamays, de l'héricé et consorts, de faciliter la concurrence des vins du Midi au préjudice de nos vignobles.

Quoi qu'il en soit, malgré le mérite des produits de nos vignobles, l'invasion des productions similaires venant des pays méridionaux sera toujours un bienfait pour les consommateurs, dans les mauvaises années. Il y a, dans la France méridionale comme chez nous, un grand choix de vins. Estimons sans parti pris tous ceux qui sont bons, sans acception d'origine ; et toutes les fois qu'on nous mettra en demeure de prononcer, pièces sur table, faisons comme Perrin, qui ne laissa aux plaideurs que le sac et les quilles.

www.ingramcontent.com/pod-product-compliance
Ingram Content Group UK Ltd.
Pitfield, Milton Keynes, MK11 3LW, UK
UKHW021125260726
13994UKWH00002B/991